HKU Med **LKS Faculty of Medicine Department of Orthopaedics & Traumatology**
香港大學矯形及創傷外科學系

香港大學矯形及創傷外科學系 60 周年 呈獻

破解 **37** 個骨科迷思

香港大學骨科專家與你

句句有骨

精彩篇章包括：

- 人工關節只可以用 10 年？
- 修復骨折 首選微創？
- 脊柱側彎 絕非小兒科
- 透視兒童扁平足
- 不知名腫塊？認識軟組織腫瘤

骨骼、肌肉及關節問題雖然鮮有危及生命，卻難以避免在我們生命的不同階段出現。我們深切理解那些受骨患之苦的人所承受的困擾及痛苦，以及在日常生活中所面對的諸多不便。

香港大學李嘉誠醫學院矯形及創傷外科學系已成立六十周年，是香港首個針對骨骼疾病創立的專科部門。自一九六一年起，我們致力以先進及創新的療法醫治骨患，紓緩病人痛苦。

一直以來，我們透過病人護理服務、高質素研究計劃，以及醫學生及醫護人員的教學與培訓，為社區提供優質服務。為達成此使命，亦適逢本學系六十周年誌慶，我們一眾成員特意奉獻不少時間編撰此書，從中闡述各種常見的骨骼問題外，同時釐清公眾對一些骨骼問題的誤解。

我們衷心希望你能細味此書，透過加深對骨骼的認知，日後與你的醫生一起探討、攜手協力改善骨骼健康！

香港大學矯形及創傷外科學系系主任及講座教授
何馮月燕基金教授席（脊柱外科）
張文智教授

2021 年是香港大學李嘉誠醫學院矯形及創傷外科學系成立六十周年，謹此致賀。

港大醫學院秉承「尊醫重學、濟世懷仁」的精神，一直致力科學研究，改進治療，推動公眾教育及知識傳承，以保障民眾健康，造福社會。回顧矯形及創傷外科學系的發展歷程，緊扣社會脈搏，服務方向從早年的感染疾病而導致骨骼變形，轉移到上世紀下半葉的工業及交通意外頻繁而造成的各類創傷，繼而到今天因人口老化、長跑、遠足等運動普及所導致的多種創傷及關節問題，無不見證着矯形及創傷外科學系全寅無私的付出、不懈的努力，以達成港大醫學院的使命。

適逢學系甲子之慶，同事傾力製作了這本內容豐富的書刊，以深入淺出的手法，講解多種常見骨科創傷問題與治療方案，分享最新科研成果，並澄清了不少常見的誤解。相信這本書有助提高讀者對這方面的認知，及早採取預防措施或接受治療，重拾健康生活。港大醫學院亦將會繼往開來，推動醫學教育，悉心培育富睿智、具仁心、有承擔的醫護專才，並進行更多具前瞻性的研究，為香港、國家甚至全球醫療健康帶來裨益。

香港大學李嘉誠醫學院院長
施玉榮伉儷基金教授席（民眾健康）
梁卓偉教授

序

西醫骨科始於十六世紀西歐，並跟隨西醫外科醫學的發展，針對於骨骼、肌腱及關節作科學醫療研究，以及研發治療的方法與手術。香港在五、六十年代經由英國到香港大學的教授正式成立「香港大學骨科部」。早期的骨科問題以處理細菌感染、創傷及先天殘疾或缺陷所引起的畸形為主，而港大則以脊柱矯形手術而舉世聞名。

骨科發展自七、八十年代開始，日趨多元化，不同的分科包括：「創傷學」、「脊骨手術」、「關節手術」、「手部外科」、「足部外科」、「腫瘤外科」、以及「運動醫學」等等科目紛紛被陸續引入，更讓骨科醫生參與及主導病人康復程序，並發展香港復康服務。本人有幸在該年代跟其他志同道合的朋友一起參予此發展，令香港能在世界骨科醫學平台上佔有一定的位置，實在感到十分榮幸。仍然記得於八十年代初參與公眾展覽會《骨科與我》的籌劃工作，該次展覽由周肇平教授領導的香港骨科醫學會籌劃，於香港大會堂透過展覽會教育大眾有關骨科的專門及其在臨床醫學上的角色，當時的情景及細節至今仍然歷歷在目。

歷年來，香港大學在多位著名教授：A.R. HODGSON 教授、邱明才教授、梁智仁教授、陸瓞驥教授及張文智教授等領導之下，使各項科目均有新的發展。「長江後浪推前浪」，今日的香港骨科醫學已吸納不少精英才俊，大學亦設機會讓有興趣的醫生於不同領域研究及創新發展，令病人獲益，為社會作出貢獻。 是次《句句有骨 — 香港大學骨科專家與你破解 37 個骨科迷思》，以簡易風格來描述一些常見的骨科問題，令讀者及大眾市民理解自己的體格及機能，及對一些常見的骨肌與關節機能系統上的問題有更深入的認識，從而明白如何妥善處理自己的身體，及懂得如何預防一些可以避免的創傷，並在需要時找到合適及正確的治療，對整個社會的健康產生一定的正面影響。

最後，本人在此向各位作者由衷道謝，感謝他們的參予，以及張文智教授的領導，令我們醫生的貢獻不僅在醫院裡，同時能伸展到社群，以及整個社會。

友邦保險（國際）有限公司首席醫務官及企業顧問
香港大學李嘉誠醫學院名譽教授

周一嶽醫生

目錄 CONTENTS

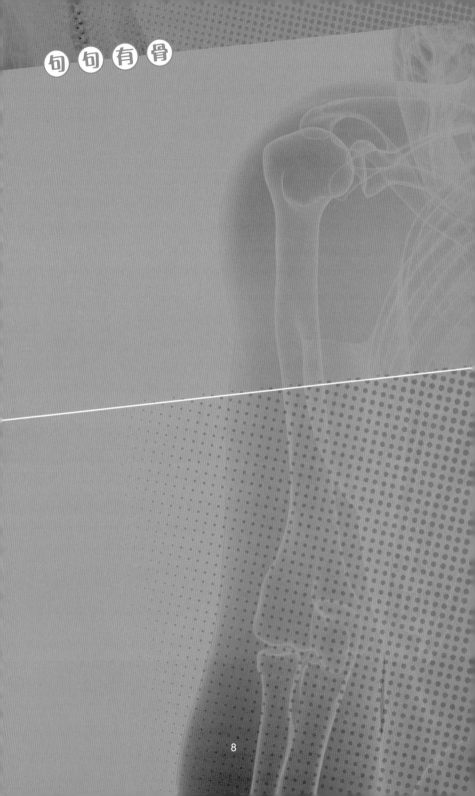

句 句 有 骨

第一章：

脊骨篇

香港大學李嘉誠醫學院
矯形及創傷外科學系
名譽臨床教授

黃一華教授

年紀大，脊椎壞？

隨年齡漸長，身體器官及機能亦會逐漸退化，脊椎亦無法例外，有可能出現：

- 關節活動能力減少，活動得不暢順，並出現痛楚
- 椎間盤因經常受磨擦而移位，韌帶因退化而腫脹，並長出骨刺
- 以上兩種情況造成神經線通道收窄，壓逼神經線，患者會有相應徵狀。

脊椎骨退化，包括頸椎及腰椎退化，以下四類為可能出現的徵狀：

1. 全無徵狀

即使 X 光影象顯示有不少退化、骨刺，但患者並無痛楚，對日常生活不會構成任何影響。

2. 頸肩腰痛

磨蝕的關節會在活動狀態下出現頸、肩或腰痛，成因包括：椎骨長有少許骨刺、關節不夠順滑、肌肉因缺乏運動而不夠強壯、韌帶長時間過勞等。

3. 神經線受壓

視乎受壓神經的位置，可能出現的情況共分兩類：

a. 外圍神經，即神經根受壓，痛楚會較劇烈。痛楚位置則視乎受壓的神經根而定，如 C6 受壓，痛楚及麻痺感會由頸一直延伸至外側手臂、前臂及 2 隻手指；如右腳第 5 條神經根受壓，痛楚及麻痺感則會沿右邊大腿一直延伸至小腿，再至腳面。

b. 脊髓受壓逼（圖一）。主要發生在頸部，會引起四肢麻痺、手腳不靈活、走路不穩，嚴重更可能導致四肢癱瘓。

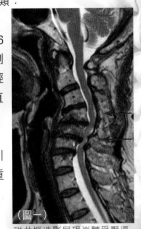

（圖一）

磁共振造影展現脊髓受壓逼（如箭嘴所示）

11

第一章：脊骨篇

4. 脊椎變形

可於頸椎，胸椎或腰椎出現。

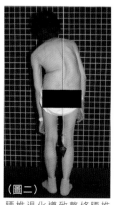

（圖二）

腰椎退化導致整條腰椎側彎

- 頸椎變形最常見徵狀為頸無力支撐，頭會垂下，即使不痛，患者因無法抬頭望前方，亦會影響日常生活，最極端可導致吞嚥困難。
- 胸椎關節因退化變形，歪向一邊，或駝背，長期姿勢不良，會導致關節被磨蝕，最終引起痛症。
- 腰椎退化會導致整條腰椎關節也側彎（圖二），可引發痛症

遺傳致退化提早出現

脊椎退化由不同因素引起，可分為先天及後天。

先天因素：

- 遺傳：不同人有不同的遺傳因子組合。有患者或很年輕便出現嚴重退化，有些則年長才會發生。

後天因素：

- 不良生活習慣：如錯誤姿勢、吸煙、缺乏運動等
- 創傷：嚴重創傷如由交通意外導致骨骼變形
- 疾病：因其他疾病而需做脊骨手術，較多節數的脊骨也被鑲固，其餘節數的脊骨便相對要活動多些，更容易引起勞損退化，但此類情況較為特殊及病人有特別需要。

病理、正常退化難分界？

目前醫學上並無為病理或正常退化定下分界線。例如：一位病人脊椎變形，但並無痛楚，臨床上亦沒太多徵狀，生活正常，一般會被視作正常；但另一位病人退化並不嚴重，卻有劇烈痛楚，那又應被界定為正常還是不正常？其實就看醫生當下如何定義。如果病人有退化問題，引發徵狀而又影響日常生活，不論正常與否，也需立即治療及處理。治療目標是希望減輕患者痛苦，讓他能回復正常生活。

不同治療對策

非手術治療

不同程度、徵狀的脊椎退化，治療對策亦不一樣。

如為單純腰背痛：
- 可透過運動療程，強化肌肉及關節；
- 熱敷患處，用拐杖借力或其他紓緩治療減輕痛楚。
- 學習正確姿勢、動作，以保護腰背，減慢退化。

如關節因年長而退化變形，但還沒嚴重至需做手術：
- 首先可監察病情，例如定期 X 光檢查，以追蹤變形情況。
- 如患者同時有骨質疏鬆，骨骼根本支撐不了重量，骨塌下時或會加劇變形，故需處方骨質疏鬆藥物，以預防變形更進一步。
- 輔以止痛藥物。
- 個別患者或會建議採用支架如腰箍，支撐身體。不過腰箍會令肌肉活動的機會減少，長遠或會提升萎縮風險。
- 80 歲以上背部退化或變形嚴重的長者，會選用較軟身的腰箍，考慮重點在於令患者舒適，多於增加肌肉的活動可能。

手術治療

如物理治療、運動、支架等非手術方法仍然無效或作用不大，便需考慮手術：

- 神經根受壓

  神經根受壓而出現嚴重痛楚者，會透過手術開刀取走突出的椎間盤，擴大神經線出口通道，以幫助神經線減壓，並減少徵狀。

- 脊髓受壓

  頸椎勞損退化而增生骨刺，壓逼脊髓，令手腳麻痺、不靈活，可透過椎板成形術（Lamioplasty）（圖三），在頸椎切開椎板，以擴闊脊髓的活動空間。

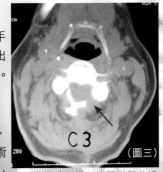

（圖三）

透過椎板成形術以擴闊脊髓的活動空間（如箭嘴所示）

第一章：脊骨篇

- 脊椎變形

變形以外，更出現強烈背痛，需透過手術矯形及固定脊椎，讓其可繼續支撐身體。

手術非一了百了

值得留意的是，手術並非一了百了，並不會因為做了手術，退化便會消失。隨年齡漸長，骨刺可再重生，壓及神經線，禍及其餘節數的脊椎。由於退化直至目前仍然無藥可治，故最佳方法還是透過適量運動，保養脊骨，減慢退化速度。

神經線受壓、脊椎變形、腰背痛，是常見問題。老年化愈來愈普及，退化必定愈來愈多。治療的大原則也一定是非手術治療先行，無效，才考慮做手術。長者毋需一聽到要做手術便感害怕。當然，年紀愈大，平均手術風險也會愈高。但現今醫學技術愈見進步，不論是否微創，手術創傷已比過往減少，安全性亦大大提升。

不少人擔心脊椎手術會否傷及神經線或引致癱瘓。事實上，做腰背手術而引致癱瘓的個案並非沒有，但如勞損退化造成的個案，癱瘓風險則低於1%。手術時有神經線監察系統，緊密監察神經線機能，手術極其量做得沒那麼理想或甚至完成不了，但起碼不會令癱瘓如此容易發生。

現時要考慮的並非單單做不做手術，而是很多時患者因年紀大，其他器官機能並沒如此理想，故容易出現如心臟病發、中風等併發症。但現時深切治療甚至內科支援都發展得很好。即使年紀大，如有適當計劃，例如於術前維持良好身體狀態，術後加快康復，手術期間透過手術設計降低風險，提升手術成功可能等，是絕對可幫助一些保守治療無效、日常生活受影響、痛楚較嚴重的長者擺脫痛苦，重拾有質素生活的。

香港大學李嘉誠醫學院
矯形及創傷外科學系
臨床助理教授

關日康醫生

椎間盤突出？
原是脊髓腫瘤！

第一章：脊骨篇

向來甚少腰痠背痛的陳先生，近來總覺得腰背隱隱作痛，而且下肢更有乏力麻痺感。剛踏入 40 歲的他，笑説自己可能未老先衰，加上平日姿勢不良，很有可能跟老人家一樣，腰椎間盤突出！相信快快改善姿勢，並盡快求診，有望痊癒。可是事情卻不如他想像中如此簡單⋯⋯

脊髓腫瘤如壓及神經線，確會引起早期椎間盤突出病徵包括下肢無力、麻痺、乏力、行動不便，嚴重會出現下肢癱瘓、大小便功能出問題，甚至失禁。

脊髓腫瘤常見嗎？

脊髓腫瘤並不常見，可分為原發性及轉移性兩類，而原發性脊髓腫瘤又可分為良性及惡性兩種。

大部分脊髓腫瘤均屬轉移性，約七成癌症患者的腫瘤均會擴散至脊髓，以甲狀腺癌、腎癌、肺癌、前列腺癌、乳癌較為常見。脊髓是繼肺及肝，第三個最常見的腫瘤擴散位置。原發性脊髓腫瘤則較為罕見，例如原發性脊髓內腫瘤，約佔整體神經線腫瘤個案的 2%。

大部分原發性腫瘤均屬良性，但這亦跟發病年齡有關。個別原發性惡性脊髓腫瘤會於 5 至 15 歲的兒童身上發病，另亦會於 40 歲以上成人身上出現，一般較難治療。

徵狀更不尋常

雖然脊髓腫瘤也有一般腰背痛的徵狀，但相比之下，其徵狀有更多不尋常之處。包括：患者即使不動也會腰痛，晚上睡覺時更會痛醒。此外，亦會伴隨其他徵狀如發燒、發冷、食慾不振、消瘦等。

脊髓腫瘤如長於骨內，有機會侵蝕骨，令椎體變得脆弱，甚至導致骨折，引起骨痛。如腫瘤已在骨由內至外擴散，稱為脊髓硬膜外腫瘤，情況就等同有一些軟組織壓住脊髓神經線，由是會引起連串神經線功能問題如下肢無力、麻痺、癱瘓等。

分辨腫瘤特性是關鍵

影像學檢查如 X 光、電腦掃描、磁力共振、正電子掃描，有助診斷脊髓腫瘤。除了判斷是否長有腫瘤，亦有助檢查神經線狀況，如掌握它是否受壓。但由於要有效治療脊髓腫瘤，先決條件在於分辨其為原發性還是擴散性，這方面單靠影像學方法並不足以確定，必須透過抽取腫瘤樣本化驗，程序為以 X 光或電腦掃描確定腫瘤位置，再用局部麻醉經皮膚於腫瘤位置抽取樣本，作病理學化驗。

而不論是原發性還是擴散性，治療前均有必要掌握全身的擴散情況，故一般會以正電子掃描確定其餘器官有否腫瘤蹤影，憑此斷定哪裡是腫瘤的源頭，以便分期及計劃治療方案。

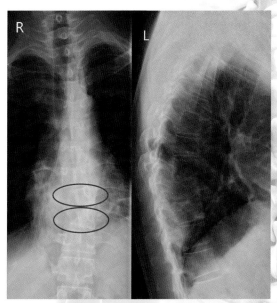

X 光片中，右 T8 和 T9 椎體和椎弓根已經被侵蝕。（如紅圈所示）

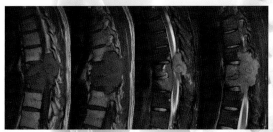

MRI 片中，腫瘤轉移到 T8 和 T9 椎體和軟組織，並壓及脊髓神經線。

第一章：脊骨篇

治療方針各有差異

按照腫瘤的種類、特點,治療方針亦有差異。

1. 緊密監察

適用長於骨內,但沒影響神經線、骨結構,亦不會引起骨折的良性腫瘤。患者可定期接受影像檢查,緊密監察,以看看腫瘤有否生長,會否影響骨結構或神經線,沒有的話,這類良性骨脊髓腫瘤大概終生也不會影響健康,可繼續密切監察。

2. 手術治療

* 其中一類脊髓腫瘤雖為良性但卻會持續生長,例如巨細胞瘤(Giant Cell Tumor),有機會影響脊椎結構,甚至壓住神經線,這類腫瘤較難治療,故建議透過手術,將該節脊椎完整拆走,再於缺口位置做重建手術,包括置入金屬支架,以刺激骨骼重新生長。

* 如為擴散性腫瘤,且壓住神經線,則需以手術清除骨及腫瘤,為神經線減壓;同時,腫瘤亦有機會侵蝕椎體,令脊椎有塌陷危機,故亦需透過手術,以金屬固定脊骨。手術屬舒緩性質,作用在於減輕患者痛楚,及鞏固骨骼及神經線,以維持下肢活動能力及減低大小便失禁可能,讓患者可更有尊嚴地度過餘生。

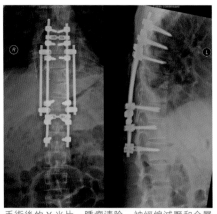

手術後的 X 光片,腫瘤清除,神經線減壓和金屬內固定。

脊髓腫瘤如能根治，當然最為理想，但大部分嚴重脊髓腫瘤，到達這個階段，已很難根治，只可透過方法控制病情、減輕痛楚、延長壽命、提升生活質素。

多專科聯合診治

現今的腫瘤治療往往是由不同專科的團隊，包括脊髓腫瘤醫生、臨床腫瘤科醫生、放射治療科醫生、病理學醫生、紓緩科醫生及其他醫護人員，聯合診治。除了手術、藥物，不同的治療方案如放射治療尤其是立體定位放射治療（Stereotactic Body Radiation Therapy, SBRT）、化療、標靶治療亦可從中發揮作用。

例如傳統放射治療的放射劑量較高，有傷害脊椎神經線之虞，唯恐引致患者癱瘓。SBRT 則可藉磁力共振協助，精確掌握放射治療的位置，對準神經線 2 毫米範圍外，能保護脊髓神經之餘，亦可控制腫瘤，效果較傳統放射治療更理想。

又如以往如肺癌擴散至脊髓，便往往無計可施，現時隨著藥物如標靶治療、手術技術的進步，患者的壽命已可延長，不止數月，有個案更以數年計。

第一章：脊骨篇

香港大學李嘉誠醫學院
矯形及創傷外科學系
臨床副教授

鍾培言醫生

脊柱側彎 絕非小兒科

脊椎變形的種類不少，如駝背、椎體滑前等，而大眾較熟悉的脊柱側彎屬其中一種，亦最為常見。兒童、青少年及成人均有可能患上。

發病或與基因有關

兒童、青少年脊柱側彎共可分為三類：

● 青少年特發性

　於青春期出現，屬三類中最普遍，佔整體個案的 90% 以上

此病暫時成因不明，估計與基因轉移或遺傳基因有關，但由哪種基因引致，醫學界目前仍未肯定。已知的是，脊柱側彎會於成長階段即青少年發育期出現，發病年齡介乎 10 至 18 歲，即長高階段，側彎度數或會明顯增加，且外觀上亦能察覺。其實此病於患者年紀仍小時已開始萌芽，其生長腺或不協調，一邊生長較快，一邊較慢，最終在生長不對稱情況下形成脊柱扭曲。

● 先天性

　因脊椎發育異常，如胚胎時脊椎分節不完全等問題導致。

● 肌肉及神經性

　腦癱、肌肉萎縮症、脊柱肌肉萎縮、脊柱腫瘤、脊柱裂、脊髓損傷後，令腦部發育不良致肌肉及神經線協調出問題，屬三類中最罕見。

估計港大及中大每年處理約千宗青少年特發性脊柱側彎，當中彎曲 10 至 20 度，屬最輕微的佔 4 至 5%，較為嚴重的 40 至 50 度並需手術處理的約佔 0.2 至 0.3%。以香港大學為例，每年約有 50 名脊柱側彎兒童需接受手術。

初步檢查捕捉異常

香港政府自 95 年推行脊柱側彎普查，檢查方法共有三種：

● 背部檢查

　身軀前屈測試及脊柱側彎度數測量儀（圖一）

第一章：脊骨篇

- 摩爾照相

以照燈方式照出背部的「地形圖」，以確定有否異常。（圖二）

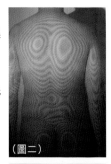

（圖二）

如以上兩種檢查方式顯示有任何不正常，便會照 X 光進一步確定。（圖三）

處理視乎彎度、年齡

視乎側彎程度、患者年齡，脊柱側彎的處理方法可以很不一樣。

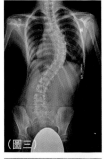

（圖三）

- 彎度達 20-40 度，仍處成長階段

一般會密切觀察或戴腰封矯正。腰封是目前唯一證實能防止彎度惡化的矯正工具。（圖四）

- 彎度達 50 度以上

可能需做手術，但仍需視乎其年齡而確定接受何種手術。

（圖四）

a. 生長棒手術

適合 10 歲以下。傳統做法為：在患者脊椎置入生長棒，並每半年開刀一次，以人手調節生長棒長度，以配合患者的脊骨生長。

約 10 年前，港大進行了全球首宗磁力生長棒手術，與傳統生長棒不同之處在於：磁力生長棒裝有磁石，安裝後，患者毋須定期開刀調校長度，只需每月覆診，在清醒狀態下在體外以更大的磁石拉長生長棒，直至完成發育為止。

由於生長棒手術目前只有約 10 年歷史，故醫學界仍未確定最終應否過早拆除。目前擔心的是，拆除

後脊骨的柔軟度或會恢復，因而側彎或會反彈。而的確有個案於拆除生長棒後，再度出現脊柱側彎，最終需做融合手術。不過亦有患者於拆除後並沒反彈，此類患者均發育成熟，並非處於成長階段。故估計於脊椎生長固定即發育期過後才拆除，反彈風險相對低，不過目前有關推論仍有待更多證據證實。

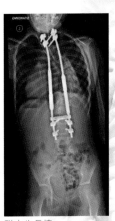

安裝磁力生長棒的患者，只需每月在體外以更大的磁石拉長生長棒，直至完成發育。

磁力生長棒

b. 微創手術 VBT

適用於 9 至 11 歲仍處發育階段，無法使用腰封者。港大矯形及創傷外科學系領導的外科團隊，2019 年成功完成首宗通過 VBT（Vertebral Body Tethering）技術進行的非融合脊柱側彎手術。做法是在胸壁上開出如鎖孔般大小的切口，並利用脊柱的剩餘生長，逐漸矯正患者的脊柱彎曲。主要優點為可保持脊柱的活動能力，無需使用外部支架或侵入性融合手術，有助脊柱側彎兒童更快康復，亦不用留下大面積手術傷口。首宗完成手術的患者，情況有改善，但由於其仍處成長階段，故需密切觀察，才可確定手術的長遠成效。

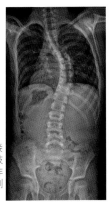
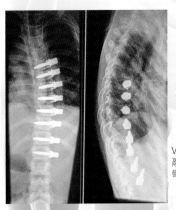

10 歲兒童接受由 VBT 技術進行的非融合脊柱側彎手術

VBT 技術非融合脊柱側彎手術

第一章：脊骨篇

c. 融合手術

適用於骨骼成熟患者。於釘入螺絲，將彎曲的脊骨矯形後，於完成手術縫合傷口前，在骨面以植入患者的骨、屍骨或使用刺激骨生長的藥物，刺激新骨生長。當新骨生長後會與原有骨頭的表面融合，最終結合成相連且固定的骨。此手術矯正功能最強，但一旦固定，代表整節脊骨無法再生長，故應避免用於仍處成長階段的小朋友，以免妨礙正常長高、發育，甚至影響肺部發育。

未接受背椎融合術前的退化性脊柱側彎成人患者

成人脊柱側彎更難處理

相比兒童脊柱側彎手術，成人的處理方法不會來得簡單。

成人脊柱側彎的徵狀主要為腰背痛，而最常見原因為年輕時曾出現特發性脊柱側彎但並沒處理，或退化原因引致脊柱變形。患者或因長了骨刺、椎體滑前、肌肉勞損，或因脊椎退化，椎管內長有骨刺並壓及神經線，以致出現腰痛、腳麻痺、乏力，走路有火燒灼痛感，嚴重甚至會大小便失禁。

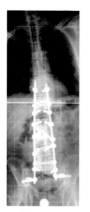

成人脊柱側彎情況輕微者，可透過物理治療強化背肌，改善病情，但此方法往往治標不治本，因患者年紀愈大，變形情況只會加劇，如患有骨質疏鬆的，更易有骨折，故可能最終亦須接受手術。而側彎情況較嚴重者，則需透過矯形手術矯正，如有神經線受壓，則需透過減壓手術放鬆神經線。

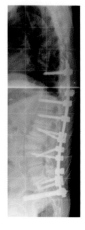

由於成人尤其是長者因年長或患有長期病，如心臟病、中風、糖尿病、骨質疏鬆等，成人脊柱側彎的手術複雜程度及風險亦會更高，故必須先進行各方面的評估，才會決定是否施行。

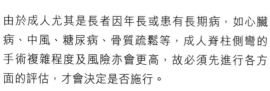

香港大學李嘉誠醫學院
矯形及創傷外科學系
名譽臨床助理教授

高日藍醫生

脊髓損傷可致癱瘓 復康不宜遲

據醫管局的數字顯示,過去 10 年,本港平均每年有 200 宗脊髓損傷新症,當中有四至五成為長者因輕微創傷導致的嚴重脊髓受損,典型個案包括長者在家中跌倒,撞傷頸部,傷及該處的脊髓神經,最終導致四肢癱瘓。

脊髓是由腦延伸至頸椎、胸椎及腰椎,連接大腦、身體及四肢主要的神經線幹道,屬中樞神經的一部分。除了控制四肢及身體動作及知覺之外,亦掌管人體一些不隨意功能如呼吸、大小便、消化系統、體溫、血壓等。一旦受損,牽一髮而動全身,可想而知會為身體帶來多深遠的影響。

脊髓是由腦延伸至頸椎、胸椎及腰椎。頸椎 7 節,胸椎 12 節,腰脊有五節,而末端結構是馬尾神經。任何一節中樞或馬尾神經受損,都可能對神經功能帶來嚴重及深遠的影響。

受影響的身體功能,視乎脊髓受損範圍而有差異。如損傷位置在頸部,病人會手腳癱瘓及麻痺;如接近胸部或腰部,可能導致下身癱瘓,亦可能影響大小便功能;如在頸部對上即接近腦幹位置,甚至會影響呼吸。典型例子為港人熟悉的斌仔,當年他因跳彈床意外導致頸部脊髓受傷,需依賴呼吸機維持生命。另一個例子是美國影星超人基斯杜化里夫(Christopher Reeve),當年他因墮馬導致頸部脊髓損傷,最後四肢癱瘓,需終生依賴呼吸機呼吸。

脊髓損傷分類

根據美國脊髓損傷學會(American Spinal Injury Association, ASIA)的分類標準,按損傷的神經部位、損傷程度等,脊髓損傷可分為 A 至 E 五個等級。A 為最差,E 為最好。損傷達 E 級,基本上損傷輕微;D、C、B 級則動作神經受損,但仍保留知覺,此三級中,患者的動作能力隨等級層層遞減;A 級最嚴重,患者知覺及動作神經完全受損。

那麼如一位患者，脊髓損傷被評為某個等級，他到底是處於甚麼狀態？假設一位胸椎脊髓損傷、下肢癱瘓者，被評為 C 級，即代表：他仍有知覺。被觸摸或針刺，仍有感覺，但因動作神經部分受損，故只能勉強將腳提離地面。此類患者在儀器輔助下，或可走路。但評級如再降至 B 級，則患者雖保留了知覺神經，但動作神經再差一成，連自己提起腳的能力亦喪失，變成動作完全癱瘓，此類患者大多數需以輪椅代步。

除了隨意功能，脊髓損傷亦會影響患者的不隨意功能。一些中樞神經受損的患者往往不能控制大小便；胸椎或頸椎受傷者，其血壓、體溫的控制功能亦會喪失。亦可導致自主神經反射異常（Autonomic Dysreflexia）。患者身體可以因感受輕微痛楚刺激，例如尿道發炎、便秘，甚至衣物太緊等，令血壓不受控制地飆升，甚至升至危害生命的水平。

臨床診斷 ＋ 影像掃描

脊髓損傷的確診主要靠臨床診斷，即由醫生有系統地檢查病人所有身體功能，包括動作、知覺及不隨意功能。醫生需對神經線的分布、支配的肌肉群組及皮膚範圍熟悉，逐一檢查，以初步評估損傷程度。亦需檢查不隨意肌，如大小便功能，必要時需與泌尿科醫生會診，如進行尿速測試，以檢查膀胱收縮等功能。

臨床確診後，還需配合影像掃描以作進一步確診。首先會進行 X 光檢查，下一步為電腦掃描或磁力共振，分別用以檢查骨、神經線的結構。個別情況如脊髓發炎或免疫問題，便可能需進一步以抽取脊髓液的入侵性方法，透過化學分析診斷。

創傷性脊髓損傷治療

處理創傷性脊髓損傷，手術為第一步，共分為兩大類：

1. 減壓手術

   創傷如導致骨或軟組織壓破神經，便需透過減壓手術，放鬆受壓神經，改善症狀。

第一章：脊骨篇

2. 融合固定手術

創傷如引起骨斷裂，會導致不穩定情況，故需以手術接駁或固定。

非創傷性脊髓損傷治療

● 脊髓損傷如由炎症、細菌感染引起，便可能需長時間的藥物如抗生素、
免疫治療等處理。.

● 如由腫瘤引起，切除腫瘤時，需將部分骨移走，故需以手術接駁或固定。
術後也要與腫瘤科醫生會診，考慮使用電療跟化療的需要。

中樞神經無法自我修復

中樞神經和周邊神經結構不同，並無自我修復能力，因此康復的展望往往
受到意外時的損傷程度所限。就算醫生把脊柱成功減壓和固定，受損神經
線卻無法駁回，故病人往往不能痊癒。病人因失去大部分重要的身體功能，
需重新學習運用餘下的身體功能，復康過程往往非常漫長。

以瑪麗醫院的數字為例，下肢癱瘓的患者往往需住院 3 至 6 個月，四肢癱
瘓更可長達 6 個月以上，他們需重新學習用餘下的身體功能過活。康復後，
脊髓損傷患者還須面對連串的健康問題如尿道感染、骨質疏鬆、壓瘡、心
肺功能退化等，故針對性的運動治療，以保存現有
身體功能，避免併發症出現，便變得非常重要。

病人康復回家後，需依賴治療團隊包括醫生、物理
治療師、職業治療師等合作，在家中進行改裝、在
工作環境安排特別配套、為照顧者提供特別訓練
等，以及治療團隊與非政府組職在社區提供的外展
支援，才可望回復健康及有意義的生活，甚至重投
工作。

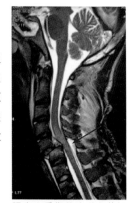

張先生受傷前的磁力共振
影像，可見頸椎第五、六
節折斷，令神經受壓。（如
箭嘴所示）

真實個案

張先生 27 歲 車禍致四肢癱瘓

參與小型賽車，失事撞欄，頸椎第五、六節折斷，致肩膊以下失去知覺。接受手術後，恢復少部分神經線功能，主要為肩膊神經。但手腕、手肘、手指、小手肌及胸部以下完全癱瘓、麻痺及沒知覺。初期於瑪麗醫院深切治療部留醫，因長期住院，出現肺炎、嚴重壓瘡，需長時間接受手術、藥物治療。及後轉往麥理浩復康院復康，終能以手部剩餘的肌肉做拉車輪運動，鍛鍊肩膊肌肉。雖然手腕以下無法活動，但輪椅經改裝後，他可自行推輪椅進出，亦有特別工具輔助，讓他可由輪椅上下床或往洗手間。經醫生密切觀察及跟進其神經線復康情況，他最終獲安排出院，恢復社區生活，但長遠仍需繼續在社區復康中心接受物理治療、職業治療，可見脊髓受創，後果嚴重，亦影響深遠。

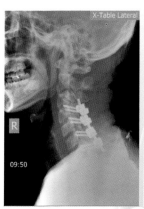 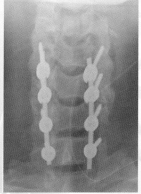

術後 X 光影像。受損位置以螺絲固定。

第一章：脊骨篇

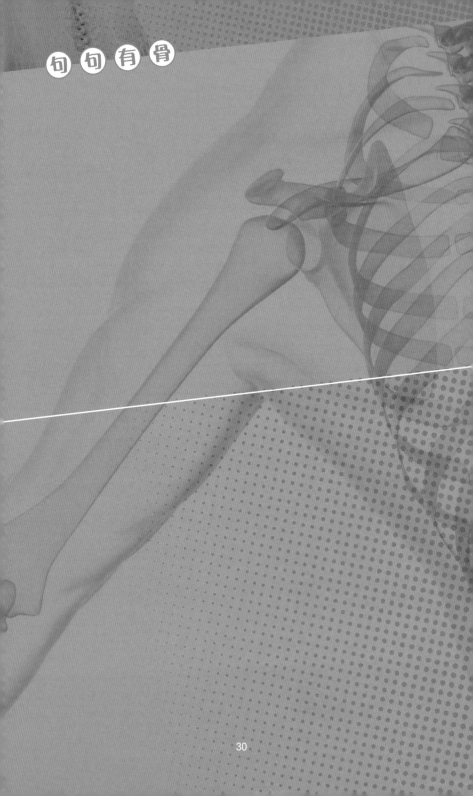

句句有骨

第二章：
關節篇

香港大學李嘉誠醫學院
矯形及創傷外科學系
名譽臨床副教授

忻振凱醫生

人工關節置換手術概覽

人工關節置換手術為關節重建手術的其中一部份。全身大部份的關節都可進行置換手術，如肩關節、肘關節，甚至小至手指關節。當中膝關節及髖關節置換手術最為常見。香港現時膝關節置換的個案會比髖關節置換手術多。

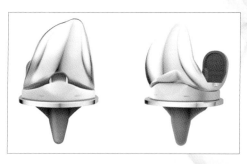

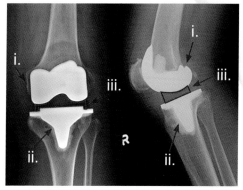

人工膝關節由三個主要部份組成，包括(i.)股骨假體，(ii.)脛骨假體及(iii.)中間的聚乙稀。

兩種常見的人工關節置換手術

髖關節

手術可分為全髖關節置換及半髖關節置換。前者是同時置換髖臼假體、聚乙烯襯墊及人工股骨頭，適合有嚴重關節炎（整個關節均有受損）的患者，好處是因關節兩邊都置換，術後痛楚會相對較少，但手術時間較長，同時只可取用直徑較小的人工股骨頭，關節脫位的機會相對稍高。

第二章：關節篇

而後者是只置換人工股骨頭，適合年紀大的股骨頸骨折（多由創傷所致）患者，其優點是手術時間短，同時可取用直徑較大的人工股骨頭，減低關節脫位的機會，惟術後一段時間，人工關節會有機會磨損另一邊正常的髖臼表面軟骨，令痛症再次出現。

膝關節

按患者關節退化的程度，可進行全膝關節置換或單髁關節置換手術。大部分有早期退化性關節炎的患者，通常是只有單一間室受影響，其中常見於內側間室，故如透過 X 光檢查發現，患者只有內側間室退化得較嚴重，其餘地方並無嚴重退化的情況之下，一般會建議進行單髁關節置換手術。相反如患者關節退化嚴重（整個膝關節受損），則適合進行全膝關節置換手術。

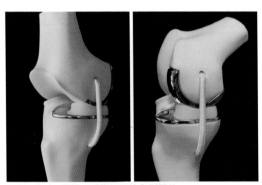

單髁（半膝）關節，手術只置換內側關節。

我適合做人工關節置換手術嗎？

人工關節置換手術一般適用於一些晚期關節病變如關節退化、關節炎的患者，當其病情嚴重至使用保守治療後也無改善的話，醫生便會考慮為其進行人工關節置換手術。

但要留意的是，如患者出現以下的情況，一般都不建議做手術：（一）關節內仍有細菌感染：如細菌仍未完全清除，術後患處容易再次復發；（二）關節附近的肌肉完全無力：當關節附近的肌肉完全無力，即使置換了人工關節後亦會容易脫位；（三）身體狀況較差：膝關節及髖關節置換均屬大型手術，如患者有多種內科疾病，例如高血壓、糖尿病控制不穩定等問題，因手術風險較高，亦不建議進行手術。

大眾常見疑問

Q：人工關節可以用多長時間？一般多久便要翻修？

人工關節的使用壽命在不斷延長，即使以往人工關節的使用壽命的確較短，引用世界醫學權威雜誌《刺針》發表的文章中提及到，在 25 年前進行的全髖關節置換手術，當中直至現時仍可繼續使用的人工髖關節只有近四成，比率不足一半。

但隨著醫學進步，現時的人工關節的材料及設計已改良不少，最大分別在於人工關節活動介面的材料。以常用物料聚乙烯為例，2000 年前的人工關節約使用 10-20 年便會有明顯的磨損，患者或會出現患處痛、人工關節鬆脫的情況，並需再次做翻修手術；2000 年後，材料轉為使用高交連聚乙烯，令人工關節的抗磨蝕度有很大的提升。現時有逾 90% 的人工關節的使用壽命可達 10 年，甚至有約 80% 的人工關節使用壽命可達 20 年。

Q：置換的人手關節會用什麼物料？

常用物料	特點
合金（由逾廿種不同的金屬混合而成）	不會生鏽，對人體無害，亦沒有排斥反應
高交連聚乙烯	抗磨蝕度高、容錯能力較高（即使是在手術安裝人工關節過程中有誤差，也不會對術後關節活動有太大影響）
陶瓷	密度高、表面光滑，且抗磨蝕能力為最佳

以髖關節為例，常見有三種物料配搭，包括陶瓷對陶瓷介面、陶瓷對聚乙烯介面及合金對聚乙烯。一般建議 40 歲或以下的患者，選擇陶瓷對陶瓷介面的人工關節，因陶瓷的抗磨蝕度為最佳，有望減低患者再做手術的機會。至於在臨床表現上，陶瓷對聚乙烯介面與合金對聚乙烯介面在性能上並無太大分別，故一般建議較大年紀的患者使用。每種物料都各有優劣，醫生會根據患者的身體狀況、年紀、患處情況，為患者建議適合的人工關節來進行手術。

第二章：關節篇

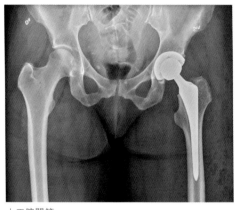 

人工髖關節

Q ：關節置換手術有何風險？發生併發症的機率？

第一，術後細菌感染，多見於糖尿病控制不穩定的患者身上。因此進行人工關節置換手術前，醫生會先為患者做詳細身體檢查，如發現患者有內科病如高血壓控制不宜，會先將其轉介至內科醫生跟進改善後才做手術。通過術前的身體狀況調整，便可大大減低術後出現併發症的機會。一般而言，現時關節置換手術的成功率是高達 95%。第二，術後肺栓塞，雖說發生的機率較低，但因有機會致命，故一般醫生多會處方藥物如阿士匹靈，以預防及減低發生機會。

陳秉強醫生

香港大學李嘉誠醫學院
矯形及創傷外科學系
名譽臨床助理教授

快速康復模式
最快 4 天出院

第二章：關節篇

以往進行關節置換手術後，患者一般須臥床休息至少一至兩天，待情況穩定後才可下床活動，同時亦需要住院一星期或以上，進行康復訓練。一般來說，在快速康復治療法下，現時患者可於手術後住院約四天便可出院。

什麼是快速康復治療？

快速康復目的是希望透過跨專科緊密合作，包括骨科專科醫生、麻醉科醫生、物理治療師、職業治療師、護士等。從患者術前、手術期間及術後三方面入手，加快患者於關節置換手術後的復原，縮短康復及住院時間，減少術後併發症的風險，例如血管栓塞（deep vein thrombosis）、肺炎等。

快速康復跨專科團隊

知多點：何時引入香港？

快速關節置換手術康復（Fast-track arthroplasty）由 Professor Henrik Kehlet 發明及倡議。2015 年，陳秉強醫生與瑪麗醫院及麥理浩復康院的跨專科醫學團隊，一同前往丹麥著名的快速關節康復中心進行為期一個月的海外訓練，期間觀察及學習整個有關流程。回港後經過商討及改善，令康復模式更適合本港醫療情況。經本團隊的推廣和實踐，本港其他醫院也開始引進這計劃。

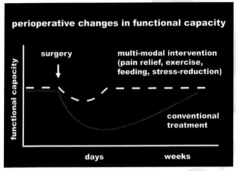

快速關節置換手術康復概念示意圖。

術前優化

在進行手術前,患者的術前教育是最為重要的。例如大部分患者都抱有「術後需多加休息一段時間,讓身體恢復後才可下床行走」等舊有想法。因此,為了讓患者有足夠的心理準備及動力參與康復訓練,團隊會在手術前會先讓他們了解及明白手術後即日做康復治療的重要性。

另外,為了確保患者以最佳狀況進行手術,術前也會為他們做全面身體檢查,例如糖尿病患者血糖控制不理想,一般也會先轉介至內分泌專科,待優化血糖控制後才進行手術,以減手術風險。

手術期間亦有很多需要注意的事項,其一為手術麻醉,在快速康復概念下,多會建議使用半身麻醉,因這方法在術後較少造成頭暈等副作用;與此同時,精準控制麻醉藥劑量也是非常重要,因劑量太多時有機會影響術後患者下肢無力,以致術後不能進行康復訓練。

突破性的止痛概念

另一重點則在於止痛。現時有不同模式的止痛方案,避免患者因術後感到傷口疼痛,而不想下床進行康復訓練,繼而延長復康時間。其一,傳統觀念上是於疼痛出現後才使用止痛藥,但現時於痛症科有一常用方案──「超前鎮痛(preventive analgesia)」,即在疼痛未出現前已使用止痛藥。醫生會按照患者的情況,可於手術前一日及手術數小時前下處方,從而更有效減弱患者於術後疼痛的程度。

39

第二章:關節篇

其二，骨科醫生也會在置換關節手術中使用雞尾酒療法，即是將不同的藥物混合注射於關節附近的軟組織，以減少術後產生的痛楚。有研究證明，此方案在術後 48 小時的止痛效果尤其顯著；同時亦有研究指出，比較沒有於手術期間注射止痛藥及在手術中有注射止痛藥的患者，兩組患者的痛症表現也有明顯差別，當中前者於術後需要較多嗎啡類止痛藥止痛，同時疼痛評分亦會顯示患者術後較為痛楚。

置換關節手術中將不同藥物混合注射於關節附近的軟組織，以減少術後產生的痛楚。

此外，以往醫生或只會使用單一止痛藥止痛，但現時一般術後亦會使用多重鎮痛模式（multi-modal pain control protocol），即同時添合處方撲熱息痛、非類固醇消炎止痛藥，甚至神經痛藥，令止痛效果更全面。同時，亦有助減少每種藥的劑量，減少單一藥物帶來的副作用。

適當使用類固醇 並不可怕

在手術麻醉前於患者靜脈注射適量的類固醇能有效紓緩換骹手術後的痛楚。但是，不少人或對類固醇藥物抱有壞印象，認為有可能會造成嚴重副作用如骨枯等情況，又或增加傷口感染機會。但港大骨科及麻醉的研究顯示，比較有用靜脈類固醇與沒有使用類固醇的患者，發現使用類固醇並不會增加傷口感染的情況。同時，在麻醉前給予 16 毫克靜脈類固醇的那組患者，其痛楚有明顯改善；而就疼痛評分來說，使用類固醇患者的疼痛評分亦明顯較低。

止痛藥要食多久？

視乎個別患者情況，一般需於術後持續服用約一至二星期左右。痛症科醫生亦會定期監測患者的疼痛情況、有否產生副作用，以及時調整劑量。

物理及職業治療良好配合

物理及職業治療對於術後復康非常重要。正如上文曾提及，以往患者做手術後多會休息一兩天才進行康復訓練，但現時有患者可能在完成手術約二小時後馬上進行康復訓練，因此治療師人手上及工作上的配合亦非常重要。

治療師在患者復康路上亦擔當著重要角色，患者於復康過程中必須克服不少工作及生活上的困難，故當中治療師的支持及鼓勵也是不可或缺的。

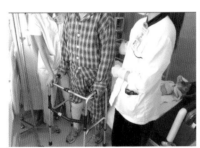

物理治療師及職業治療師的康復訓練，對患者術後復康非常重要。

日間關節手術（Day surgery）不是夢

一名 50 多歲的獨居男子，因患有膝關節退化，需入院做半膝關節手術。在快速康復模式下，膝部並沒有出現疼痛，同時經過物理及職業治療師康復訓練下，很快便可下床行走及進行其他訓練，亦在短時間內學懂有關的復康運動，術後當日便已可出院。病人亦希望於術後盡快出院，因他獨居，他急於回家照顧家中相依為命的貓狗。

半膝關節手術完成後，患者當日便可出院。

第二章：關節篇

傅俊謙醫生

香港大學李嘉誠醫學院
矯形及創傷外科學系
名譽臨床助理教授

關節置換手術的最新發展

隨著醫療技術不斷進步，關節置換手術亦有不少改進。從最初發展集中於改良人工關節物料，到近年側重於改良進行手術方法。除了傳統開刀手術，現時亦可配合電腦導航甚至機械人輔助等新技術，以提升手術的一致性、精準度和安全性。

電腦導航技術

早於 20 年前，人工關節所用的物料已發展得相當成熟，但即使物料將近完美，仍有部分患者會於術後出現後期併發症如假體鬆動和關節脫位，而問題正正在於截骨和植入關節假體位置的精準度。

電腦導航技術應用紅外線技術配合電腦程式，實時量度出準確的截骨角度和厚度信息，讓醫生可依賴相關數據更精準地進行截骨，確保人工關節放置於準確的位置，從而減低併發症發生的機會。

機械人輔助技術

儘管電腦導航技術供給醫生大量引導手術的數據，但關鍵的截骨步驟仍然依賴醫生的經驗而並沒有約束，始終存在著出錯的風險。至近 5 年左右，機械人輔助技術開始應用於關節置換手術，直接針對這個弱點加入觸覺控制，提高截骨的精準度、安全性和準確性。

術前計劃在立體三維電腦掃描影像上完成，可以根據患者實質情況，讓醫生進行具體而準確的術前規劃。手術期間通過機械人的觸覺控制來進行截

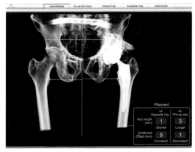

先前做過內固定手術的髖臼骨折病人的術前計劃。

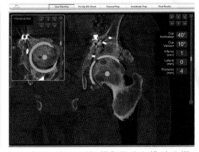

可以利用三維電腦掃描影像進行準確的術前計劃避開以前的鋼板和螺絲。

第二章：關節篇

骨，從而提高精準度並減少誤差。全髖關節置換術中的假體放置，亦由機械人控制。

美國食品藥物管理局（FDA）目前批准了一款名為 Mako 的機械人輔助手術系統應用於全髖關節置換，全膝關節置換及單髁膝關節置換的機械手術，佔關節置換服務的 95% 以上。

利與弊

精準度高

國際醫學研究證實，機械人輔助技術比傳統手術的精準度較高。從術後的 X 光片甚至電腦掃描影像所見，機械人輔助技術放置假體位置比傳統手術較接近醫生的術前計劃。

研究又提到，應用機械人輔助技術與醫生的經驗和狀態並無直接關係。即使經驗較少培訓中的醫生使用此技術，仍可做到等於經驗豐富醫生的手術效果。有別於傳統開刀手術，手術效果會因應醫生的經驗而有所改變。

安全性高

機械人輔助技術的另一個優點是提高手術的安全性。通過電腦掃描術前計劃，醫生可以鎖定機械人截骨的深度及邊界，加入觸覺控制元素的機械人可避免手術期間截骨時的誤差。如醫生進行截骨時偏離原定計劃，機械臂便會立即停下，避免鋸得太深或出界的情況。國際醫學研究指出此技術可減少在手術過程中傷及附近軟組織（包括膝蓋後方的主要血管及神經線、兩側的副韌帶等等）的機會，從而減少併發症。

延長假體壽命

提高截骨和植入假體的精準度和準確性均有望延長人工關節的使用壽命。以往的傳統手術較易出現偏差，當人工關節放置的位置不準確，便會容易出現不穩定及受力不均的情況，引致人工關節磨損和鬆動，增加翻修手術的機會。有大型研究指出，就單髁膝關節置換手術，使用傳統手術的患者

需於 2 年半內再進行翻修手術的機會高至 5%，但使用機械人輔助技術則可將翻修機會降低至 2%。

成本較高、手術時間略長

機械人輔助技術在港並未普及，故相比傳統手術、電腦導航手術來說，手術的成本（例如購買機器人手術系統及一些即棄手術用具）相對較昂貴。

因為詳盡的術前計劃和術中註冊機械人需時，機械人整體手術時間比傳統手術略長 15-20 分鐘。稍長的手術時間不會對患者造成不良影響。再者，醫生使用機械人技術的次數愈多，經驗愈豐富，手術時間也會隨之縮短。醫生對使用技術逐漸純熟，手術時間也有望調整至與傳統手術相若。

哪些患者適合？

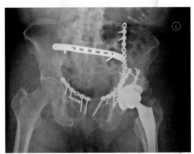

機械人輔助技術適用於初次進行全髖關節置換，全膝關節置換及單髁膝關節置換的患者身上。需要進行關節置換手術的患者，多為對藥物和物理治療無效患有嚴重關節炎的患者。嚴重關節炎包括骨性關節炎，風濕性關節炎（如類風濕關節炎、強直性脊椎炎、紅斑狼瘡症等），骨枯，創傷後關節炎及先天性關節發育不全等。

病人進行了機器臂輔助全髖關節置換手術，以前的鋼板和螺絲不需要手術中拆除，簡化了整個手術過程。

相反，技術則未適用於翻修手術上，因相應的電腦系統並不包括拆下人工關節的程序；另外，大多情況下如手術過程較為複雜亦不適用，以膝關節為例，如患者某部分的膝關節有很大的缺損，進行手術時需取用特殊的人工關節，在此情況下醫生大多都會考慮為患者進行傳統手術，而非機械人輔助技術。

當然，絕非所有病況嚴重的患者都不適用，實際情況還需視乎外科醫生的診斷。例如針對嚴重退化性髖關節炎及先天性關節發育不全的患者，當其髖臼患處已長有很多骨刺，用傳統手術也難以分辨骨刺與正常骨的情況下，

第二章：關節篇

使用此技術反而可透過精準的術前計劃分辨出骨刺,再利用帶有觸覺約束的機械臂進行截骨,其實可以使手術更為準確及安全。

初期研究結果

港大醫學院矯形及創傷外科學系於 2019 年 1 月 11 日開始,成為首間在公立醫院引入 Mako 機械臂技術進行關節置換手術的部門。截至 2021 年 1 月 11 日(共 2 年間),關節置換外科已完成 252 例機械臂手術,當中包括 110 例全膝關節置換、59 例單髁膝關節置換和 83 例全髖關節置換。所有患者康復進展良好,並無重大併發症。以全髖關節置換術為例,機械臂技術當中有 98% 的假體放置位置理想,遠較常規方法僅有 80% 為高。在機械臂全膝關節置換術中,患者均表現出較早功能恢復,所有患者在第一天已成功做到直膝抬腿,84% 的患者可以直接出院。對於單髁膝關節置換,機械臂技術亦使假體植入位置更精準。隨著機械臂系統的出現,矯形及創傷外科學系的目標是進行臨床研究,並證明其對本地患者的療效。

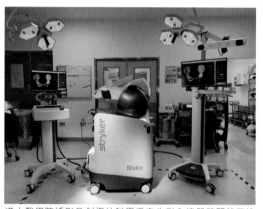

港大醫學院矯形及創傷外科學系率先引入機器臂關節置換手術系統。

香港大學李嘉誠醫學院
矯形及創傷外科學系
臨床助理教授

張文康醫生

膝關節炎治療及管理

第二章：關節篇

句句有骨

機器總有勞損的一天，人體的膝關節亦然。行走、跑步、行山等活動，都會用到膝關節，而隨時間一日又一日地過去，慢慢關節內的軟骨便會開始退化，出現磨損而造成疼痛，嚴重更會引致「O 型腳」，大大影響患者的日常生活。

解構膝關節

首先了解膝關節構造。膝關節主要由大腿骨、小腿骨及髕骨（俗稱菠蘿蓋）三部分組成。膝關節外層被關節膜及肌肉包圍，而大腿骨與小腿骨之間的內外側接觸面各自約有 2-3 毫米的軟骨，同時於兩骨之間亦有兩塊半月板，其質地柔軟且光滑，有吸震及穩定膝關節的作用。

何謂退化性膝關節炎？

退化性膝關節炎，主要指關節內的軟骨退化毛病。現今此症仍未有確實成因，惟醫學界普遍相信年老、創傷（如長期勞損、意外導致關節內的軟骨受損）等因素，均會令軟骨受到不同程度的磨損。

在患病初期，患者很多時可能只有其中一側（內側或外側）的關節軟骨出現磨損，但慢慢便會發展成兩側關節磨損，至最終關節內的軟骨可能會差不多被完全磨蝕。而從 X 光檢查中可發現，正常關節的表面是平滑的，相反退化關節會變得凹凸不平，出現骨增生（即骨刺）。就此，不少人或會誤解是骨刺刺到皮肉而引起疼痛，其實不然，因關節疼痛的主因是由於關節退化造成軟骨磨蝕所致，故即使清除骨刺，疼痛也不會有明顯改善。

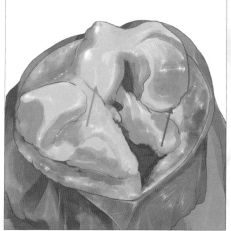

膝關節退化解剖圖。圖中可見膝關節內側嚴重退化表面軟骨嚴重磨損（紅箭嘴），外側關節的軟骨（藍箭嘴）則大致正常。

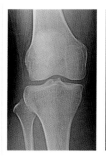 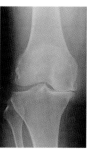 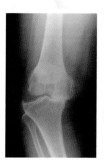

膝關節 X 光
左邊為正常膝關節，中間 X 光圖見到內側關節軟骨磨蝕形成「骨頭貼骨頭」的現象，右邊是嚴重關節退化見到整個關節有嚴重的內翻變形。

第二章：關節篇

主要徵狀

病情早期，患者或會於上落樓梯或走斜坡時感到膝部疼痛，同時關節亦會出現不同程度的腫脹。而至病情晚期，患者更會出現關節僵硬，不得屈伸，甚至變形內翻而造成「O 型腳」。以上的徵狀不但為患者的工作、日常生活上帶來不便，更有機會影響其情緒。

如何診斷？

醫生會先詢問患者的醫療病史及家族病史，同時亦會為患者進行 X 光檢查，以查看患者的膝關節有否出現間隙變窄、軟組織腫脹等情況。再者，在有需要的情況下，亦會為患者進行磁力共振（MRI）來檢查膝關節的韌帶和半月板有否損傷，從而有助作出適切的治療方案。

治療方法一覽

非手術

膝關節炎的治療方法主要可分為非手術及手術兩方面。根據美國骨科醫學會的臨床指引，非手術治療方法包括：

減輕體重

有醫學文獻證實，針對身體質量指數（BMI）高於 25 的患者，使用此方法可有效紓緩痛症。

運動物理治療

物理治療師會為患者設計有助減少關節疼痛的運動。有不少研究均證實此方法可明顯改善痛症。

藥物治療

(a) 口服藥物

主要會使用止痛藥及非類固醇消炎藥。 最常使用的止痛藥為對乙醯氨基酚（Paracetamol），又稱撲熱息痛。撲熱息痛可說是坊間最常用的止痛藥物。有研究比較服食撲熱息痛及服用安慰劑（即無藥效藥物）人士，發現有 52% 服藥者的痛楚有減少，但同樣地，服用安慰劑的群組中，亦有 51.9% 人感

到痛楚有減少，由此可見止痛藥的實際用途未必很大，但現時醫生仍然會考慮用作治療，因安全性較高及使用歷史長久。

非類固醇消炎藥（NSAIDs）則較有效紓緩痛症，美國骨科醫學指引亦建議考慮作為選用的藥物。但此藥有機會引致腸道出血、影響腎功能等問題，故現時不少醫生在也會取用新一代藥物 COX-2 抑制劑，此藥可減少腸道出血的風險，但價錢則相對較昂貴，亦有臨床研究指 COX-2 抑制劑對心血管疾病的風險有所增加。另外，患者也可嘗試服用葡萄糖胺，但現時並沒有證據清晰指出此藥的療效，而臨床上只有約少數病人於服用後痛症有明顯改善，故一般建議患者可嘗試服食幾個月至半年，如不見效便可考慮停用。

(b) 注射針劑

現時亦可使用注射透明質酸針劑（俗稱啫喱針）。透明質酸是人體關節滑膜液的主要成分，它能增加滑膜液的粘度，並促進它的潤滑功能。它也是關節軟骨的重要組成部分，方便軟骨留住水份，來產生其抗壓縮的特性。往關節腔內注射透明質酸可產生潤滑關節的作用，同時或能刺激軟骨細胞，使其能分泌新的物質來填補已磨蝕的軟骨物質。至於成效方面，引用香港大學的研究發現，患者在注射前的平均疼痛評分為 60 分（100 分為最痛），注射 6 星期後評分減為 40 分，但 1 年後回升至 50 分左右。由此可總結，使用此針劑是安全的，亦有效將關節的痛楚減低，但有效期則最長維持一年（臨床上可維持平均 6 至 9 個月）。

此外，亦有不少患者會嘗試矯形鞋墊、膝支架等方法，其原理為透過矯正患者關節內翻的情況，令痛症得以紓緩，患者可考慮使用，但現時仍未有清晰證據證明其成效。除此之外，亦有針灸、止痛機（以電流刺激患處來紓緩痛症）等方法，惟現時仍未有充分的證據指出以上方法為有效。

手術

關節微創內窺鏡手術

用微創方式於患處開兩個小洞，使用關節鏡取出關節內的碎骨及清除撕裂的半月板，並且清洗關節。此方法適用於因碎骨卡著關節而影響活動能力的患者，經手術取出碎骨後，便可改善患者的活動能力。但要留意的是，此方法並不能改善軟骨磨蝕問題。

脛骨高位截骨術

這是一個矯正關節內翻的手術。簡單來說，即於小腿骨處開一切口，並將其撐開至適合角度，最後用鋼板固定。此手術可矯正「O 型腳」問題，減少原本集中在關節內側的壓力，令痛楚減少。但此手術現時並不太常使用，因此方法只適用於較年輕（60 歲以下）、活動量大及關節退化只限於內側的患者身上，同時患者於術後多不能即時下床，復康時間也較長。

人工膝關節置換手術

手術原理是以人工器具代替已退化的關節，以達到減少疼痛的效果，增加患者的活動機能。手術可分為全膝關節置換或半膝關節置換手術。針對只有單一間室受影響的膝關節退化患者，多建議其進行半膝關節置換手術，因為手術創傷較細，同時傷口也較細，復康時間短。反之，就嚴重關節退化的患者，則會建議其作全膝關節置換手術。

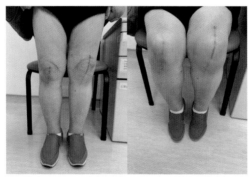

同一位病人進行全膝（左腳）左邊及半膝關節置換（右腳）的傷口比較，可見半膝關節手術傷口較短。

香港大學李嘉誠醫學院
矯形及創傷外科學系
名譽臨床導師

張炎鈴醫生

常見髖關節病變

第二章：關節篇

髖關節疼痛勿輕視，你有可能是患上了髖關節病變。常見的髖關節病變如缺血性股骨頭壞死、退化性髖關節炎等等，前者的成因為酗酒、長期使用類固醇等等，後者則是由於家族遺傳、年老等因素所致。下文將與你一同解構髖關節病變的治療及預防之道。

髖關節構造

髖關節主要由股骨頭及髖臼兩部分組成，是人體中最大的關節，所承受的重量也是數一數二的。而股骨頭及髖臼的表面各有一層光滑的軟骨，有潤滑關節的作用。另外，髖關節周遭也有肌肉、韌帶等軟組織包圍，維持關節的穩定性。

常見髖關節病變

髖關節病變主要可分為幾種，包括缺血性股骨頭壞死、退化性關節炎、類風濕關節炎、先天性髖關節發育不良等，其中前兩者於本港則較為常見。

缺血性股骨頭壞死

這是本港最常見需進行人工髖關節置換手術的原因。患上此病的成因有很多，在男性身上，常見的成因為酗酒，而女性常見的患病成因則為不明（idiopathic）。另外，長期使用類固醇（常見於紅斑狼瘡、類風濕性關節炎的患者身上）、創傷後遺症、曾接受電療等，甚至更有趣的是有深海潛水的習慣，亦是患上缺血性股骨頭壞死的原因之一。

以上的因素均會導致股骨頭的血液循環變差，繼而出現缺血性壞死。及後股骨頭會因而產生微小的裂縫，長時間更會變形，甚至造成股骨頭凹陷而磨損髖臼，出現二次退化。

患者會出現髖關節疼痛，髖關節活動範圍受限等等，病情至晚期，因股骨頭出現凹陷，患者更會出現長短腳的情況，大大影響活動能力。

退化性髖關節炎

愈來愈多的研究顯示，有相關家族病史的人士，也會有較高的風險患上此症。當然年紀增長、肥胖（關節負荷較大）等等，亦是成因之一。與此同時，此症亦常見於外國人，反之因先天結構的差別，亞洲人的患病率則相對較低。

如何診斷？

診斷主要有兩部分，首先會先進行臨床問症，包括詢問患者有否出現以上的病徵、做什麼會減輕或加劇痛楚、以往的病史、走路時需否使用步行器輔助、有否服用止痛藥、平路上可走多久時間，以了解其患病的原因及情況，同時也會了解患者上落樓梯的能力，如詢問會否用扶手輔助等等。與此同時，因患有髖關節病變的患者，因其活動能力受阻，難以自行穿鞋，故也會問相關的資訊。

下一步會為患者進行臨床檢查，醫生會觀察患者的走路姿勢會否不正常，如走路時偏向一邊。同時，又會檢查患者能否用患病的那邊腳來單腳站立等等。除此之外，也會量度比較患者雙腳的長度及活動幅度，以查看有否長短腳及關節活動受限。當中要留意的是，如患上髖關節病變，患者多能明確指出髖關節感到疼痛，但少部分人的痛楚會反射至膝關節的地方，因此除了髖關節外，亦會同時檢查膝關節及脊椎。

另外，一般也會進行 X 光檢查，查看患者兩邊的髖關節，藉而可透過影像分辨屬哪種髖關節病變及病情階段，舉例如退化性髖關節炎，從 X 光片中可見到髖關節位長出骨刺、關節面底下的骨質密度會較高、股骨頭及髖臼之間收窄。有需要的情況下，更會進行磁力共振檢查，進一步檢查。

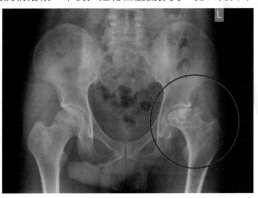

透過 X 光影像可分辨屬哪種髖關節病變及病情階段。（如紅圈所示）

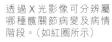

第二章：關節篇

早期治療方法

缺血性股骨頭壞死

按病情的嚴重程度，可分為四期。

第一期： X 光檢查正常，磁力共振檢查可見異常；

第二期： X 光檢查可發現病變，某部分股骨頭的骨質密度變高，關節面下出現水囊，但股骨頭仍未變形；

第三期： X 光片見到股骨頭變形並凹陷，但未有二次退化的跡象；

第四期： 出現二次退化，包括出現骨刺、髖臼也會受到影響。

針對第一、二期患者，會先使用保守治療，包括處方消炎止痛藥、減肥、物理治療等，亦讓關節休息一段時間，也有助紓緩徵狀。另外，亦有一些較爭議性的治療方案如服用降膽固醇藥、骨質疏鬆藥。

如情況未見好轉，但股骨頭仍未變形凹陷、二次退化的話，也可進行核心減壓手術（Core decompression）。手術的主要作法是在股骨頭核心位置開一條通道，減低股骨頭的壓力，望能促進該處的血液循環，避免股骨頭變形及凹陷。此手術有可能會引致骨折等併發症，但發生機率較低。有數據顯示，術後有 90% 的第一期患者可於十年內不用進行換骹手術，第二期的患者中亦有 70%。

退化性關節炎

與缺血性股骨頭壞死類近，針對退化性關節炎患者，早期治療會先使用保守治療，如服用消炎止痛藥、減少上落樓梯、減肥，以及避免高強度的運動如打網球，可轉為游泳、踏單車等，以減少對髖關節的負擔。另外，也可以注射透明質酸，潤滑關節，但現時仍未有充分的研究證明其成效。

人工髖關節置換手術

如以上的方法都未能見效，便需考慮進行人工髖關節置換手術。醫生會按患者的情況，而選擇為其進行全髖關節置換或半髖關節置換手術。進行全髖關節置換手術時，醫生會將已損壞的股骨頭、髖臼及軟骨取走，再放置相關的人工假體（常用的假體物料包括金屬、聚乙烯及陶瓷等）。而在術後約 6 星期左右，患者應避免翹腳、深蹲等動作，以防人工假體脫位。

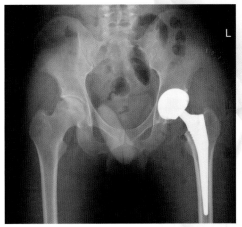

進行全髖關節置換手術時，會將已損壞的股骨頭、髖臼及軟骨取走，再放置相關的人工假體。

預防髖關節病變

要預防缺血性股骨頭壞死，建議應少飲用酒精、不要吸煙、良好控制膽固醇水平。需多加留意的是，部分市面上可自行購買的成藥，亦可能內含類固醇成分，市民購買前宜加倍留意又或諮詢當場註冊藥劑師的意見，以免服用大量的類固醇藥物，增加患病的機會。

個案分享

一名 50 多歲的男子，日常有打羽毛球的習慣，但每日都會飲用大量酒精。幾年前開始感到髖關節疼痛，但並沒有多加理會及求診。一次，他為了趕上地鐵，卻在奔跑途中突然聽到「砰」一聲，隨即便感到髖關節非常疼痛，甚至令走路也變得困難。入院後透過 X 光檢查發現，其股骨頸出現裂痕，但這情況並不常見，及後再發現其股骨頭已變形凹陷，更出現二次退化，因而推斷原因在於缺血性股骨頭壞死，令股骨頸反覆受壓，長久下來便會引致股骨頸發生壓力性骨折（stress fracture）。最終醫生為其進行了全髖關節置換手術，術後第一日患者已可落地站立，第二日可依靠拐杖走動，翌日更可出院。

第二章：關節篇

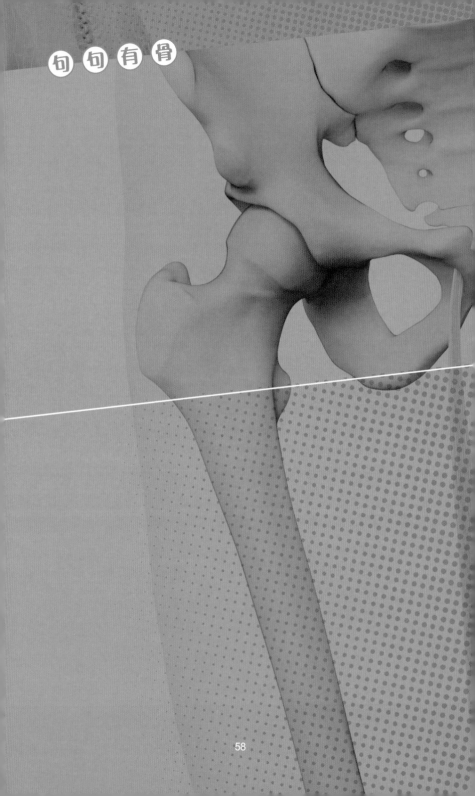

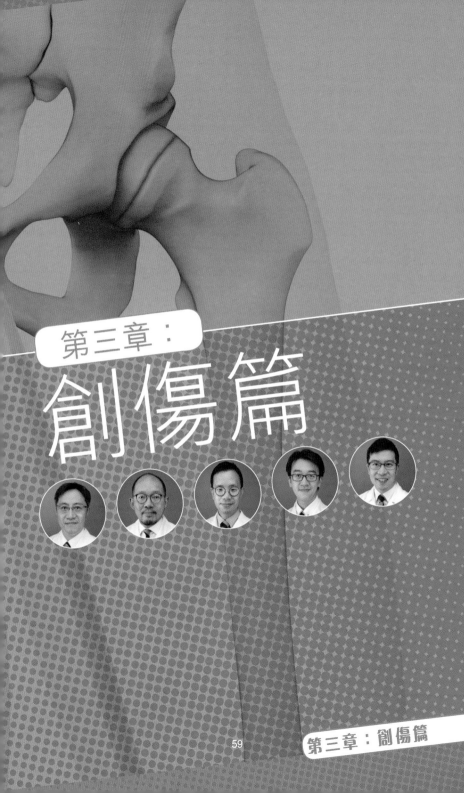

第三章：

創傷篇

句句有骨

香港大學李嘉誠醫學院
矯形及創傷外科學系
臨床教授

梁加利教授

何時需作骨折固定？

骨折並非罕見意外，原因亦不少。最常見如交通意外、工業意外如從高處墮下、家居意外如長者跌倒、運動如單車、攀石，甚至滑翔傘意外等。不少香港人都喜歡於冬天往外地滑雪，當中以不慎滑倒並引起骨折，為常見創傷。

骨折後首先受影響的，必然是人體功能。手部骨折會影響如文書工作、搬運或提取重物等功能；腳部骨折則可能導致無法行走；由高處墮下引起的骨折，更會有出血可能，甚至性命危險。

處理骨折，不如以往主要打石膏以待折骨慢慢自我修復，現今常用的方案是固定手術。約於九十年代初，本港公立醫院處理的骨折個案，約三、四成是透過打石膏，讓骨折自行生長、癒合。雖然石膏如能打得好，斷骨是可以自行慢慢癒合的。但由於以石膏固定骨折往往需時六星期，期間患者無法活動患處，從現代人的角度來看，復康較為緩慢。此外，當現在醫學進步，大眾要求的便不止是希望折骨能慢慢自我癒合如此簡單。故現時骨折後以手術固定的個案，已較以往明顯增加。

哪類骨折需以手術固定？

視乎骨折的嚴重程度。輕微的骨裂，可以毋須接受手術。因為骨的生長速度是很快的，只以石膏或輔助支架固定，約三星期已能癒合。

至於緊急情況例如多處骨折，便需先作臨時固定，以避免骨折位置出血，亦可減輕痛楚，方便進行初期護理。

但假如患者只有一處骨折，身體其餘部分並無大礙，從病人角度考慮，治療方案的選擇，便會以以下三個目標為考慮：

1. 斷骨能正常生長，骨折盡快癒合
2. 癒合情況理想，沒有變形或彎曲，斷骨形狀盡可能接近受傷前的模樣
3. 骨折能盡快固定，患者可恢復活動能力，重投正常生活

尤其以下情況,更十分建議接受固定手術:

- 多處骨折
- 骨折傷及關節
- 老年脆性骨折

多處骨折的個案,施行手術有助加快康復。而傷及關節的骨折,也需以手術完善接駁及併合,否則關節日後或會變硬,功能會完全喪失,令患者活動能力受阻。老年脆性骨折則由骨質疏鬆引起,由於長者臥床太久,容易百病叢生,亦容易出現併發症,故會建議手術處理,以減少長者的臥床時間。

固定方法分兩類

骨折內固定方法共有兩種:

- 鑲金屬板
- 置入髓內釘

使用何種方法,主要視乎骨折情況。基本原則是:如骨折位處骨的中間,以髓內釘固定,會更穩固;如骨折接近關節,則鑲金屬板,穩固程度會更勝髓內釘。但如碰上開放骨折,或多處骨折,醫生會選擇外固定支架,作為臨時的固定方法。

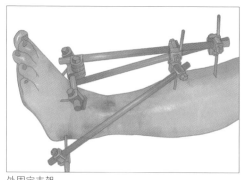

外固定支架

骨折固定典型個案

以下是一宗骨折固定的典型案例，可讓大家理解骨折固定術的用途及好處。

80 多歲的黃婆婆，身體並無大礙，亦不曾驗過是否患有骨質疏鬆。正值寒冬的一個晚上，她起床如廁，卻不慎在廁所門口滑倒，整個人跌坐地上。她頓時感到右邊髖關節劇痛，而腳的位置亦好像有點變形。

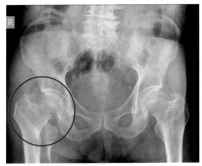

X 光顯示右邊股骨近端骨折（如紅圈所示）

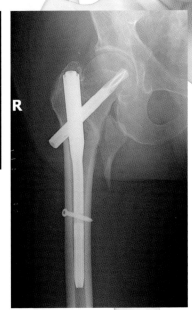

置入髓內釘以作骨折固定

婆婆的呼喊聲驚動了家人，家人立即將她扶起，發現她除了髖關節極痛，亦無法走路，需由救護車送往急症室。

X 光顯示她右邊股骨近端骨折，醫生估計患者很有可能患有骨質疏鬆而不自知，在旁的家人均十分擔心她將來能否走路。基於以下考慮，醫生建議應儘快為婆婆做骨折固定手術：

第三章：創傷篇

- 希望斷骨能正常生長，不要變形或有長短腳，並能達致立即康復。
- 長者不應臥床過久，以免引起包括肺炎、褥瘡、尿道炎等後遺症。

家人答應後，婆婆由急症室轉送病房，先進行連串基本術前檢查包括抽血、肺部 X 光、心電圖等，以確定身體狀況是否適合手術。結果一切正常，獲安排次日接受手術。

手術後首天，婆婆先在床上休息，並稍稍活動腳部。翌日即接受物理治療，過程中她透過拐杖輔助，嘗試站立，並多走幾步。經過兩星期在復康院的復康療程後，婆婆終可出院，並在支具輔助下，慢慢走動。如能繼續練習，相信一段時間後便能恢復至接近骨折前的行動能力。

長者骨折後，一般均需要一段時間康復，除了盡快進行手術，康復亦講求長者的體力。初期需在醫院接受康復療程，以拐杖、支架等輔助練習走路。除非身體較弱，否則平均需時兩星期，便大致可恢復到較合理的活動水平，並安排出院。

值得一提的是，骨折固定術屬大手術，進行時需全身或半身麻醉。手術約需一小時。潛在風險包括失血，故或有輸血可能。如患者患有骨質疏鬆，金屬固定或無法百分百確保不移位，即手術或有失敗的可能性，或需經更複雜的手術修補後，重做固定手術。

香港大學李嘉誠醫學院
矯形及創傷外科學系
名譽臨床副教授

劉德榮醫生

臀部髖關節脆性骨折
手術助減併發症

第三章：創傷篇

句句有骨

臀部髖關節脆性骨折主要由骨質疏鬆引起，患者一旦跌倒，便會引發，但所指的是由站著的高度跌下所引起的骨折，並不包括由高處墮下。

此類骨折最常出現於長者，因為他們較易有骨質疏鬆。基本上，不論男女，也有機會患骨質疏鬆，但以女性患病比率較高，男女比例為 2:5。而女性因停經後受荷爾蒙影響，骨質疏鬆情況亦會較男性嚴重。

骨質疏鬆普遍於 60-65 歲以上的女性身上發病，男性或會稍遲。較為年青患者的骨折位置多為股骨頸，再年長的則多為粗隆間骨折。

處理骨折，手術為目前的標準治療方法，原因在於，骨折後如不以手術置換關節或固定骨折，患者易因長期臥床，出現各種足以致命的併發症，包括：

短期併發症

1. 感染
長期臥床易引起肺功能障礙，一般臥床一至兩天，已足以引發肺炎，除影響肺功能，嚴重時會導致細菌入血，有致命可能。

患者因臥床無法坐立，小便會有困難，易引起尿道炎，亦因長時間臥床而出現褥瘡，可能引起細菌感染及敗血症。

2. 靜脈栓塞
患者下肢長期不活動，會妨礙血液運行，致深層靜脈栓塞，血塊有機會遊走肺部，阻塞肺部血管，足以致命。

3. 貧血
骨折部位因沒以手術處理，輕輕移動會有機會持續滲血，有可能會引致貧血。

長期併發症

肌肉萎縮

長期臥床會令肌肉萎縮，關節亦會持續疼痛及僵硬，影響將來走路，進一步提高日後臥床、坐輪椅可能，惡性循環下，褥瘡、感染也會持續發生。

手術治療是標準

手術治療可降低以上併發症可能，故為建議的標準治療方案。針對不同的骨折部位，手術主要可分為半人工關節置換術及骨折內固定手術。

1. 半人工關節置換術

適用於大部份股骨頸骨折。做法為以人工關節替代原有股骨頭。由於股骨頸折斷移位後，會影響血液供應至股骨頭，即使以螺絲釘緊，沒有血液供應的股骨頭也會發生缺血性壞死，故會以半關節置換術，更換股骨頭。

此手術一般為半身麻醉的開刀手術，約一、兩小時可完成。病人術後第一天可嘗試下床走路。併發症機會不高，但仍然包括：麻醉風險，傷口感染、坐骨神經受傷影響腳部活動能力。此外，置換股骨頭後的髖關節會有脫骹風險，故術後一般不建議坐太矮的椅子，需要注意日常生活的細節。

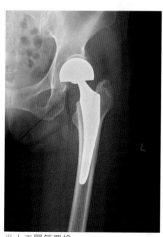

半人工關節置換

第三章：創傷篇

2. 骨折內固定手術

適用於粗隆間骨折。此類骨折很少影響股骨頭供血,故股骨頭缺血性壞死可能性很低,因此會以內固定手術,十多年前,即俗稱鑲鋼板螺絲治療,現時一般最常用的是以髓內釘固定骨折。

此為微創手術,只需待骨折自行癒合,一般需時 6 星期至 3 個月,且不會有脫骹風險。潛在髓內釘手術期併發症為骨髓內脂肪因髓內擴髓走進血管,導致血管栓塞,但情況屬罕見;亦有一般風險如傷口感染,唯微創手術對神經線及血管的影響機會較微,對軟組織的破壞亦較少。

整體來說,手術雖有併發症,但做手術比不做手術的併發症少,對病人將來康復亦有更多好處。以瑪麗醫院為例,90% 以上髖關節脆性骨折均以手術治療,只餘 10% 患者因本身問題如急性中風、不省人事或急性心臟病等,才無法接受手術。

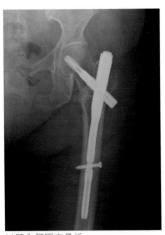

以髓內釘固定骨折

預防勝於治療　防跌是關鍵

而除了以手術處理骨折，亦需一併處理病人本身的疾病。高血壓、糖尿病、認知障礙是三種常見跟跌倒有關的疾病。患者或因高血壓、糖尿病控制不佳，或因心律不正，以致頭暈而失去平衡跌倒，故要減少跌倒可能，這些風險因素亦需術後作良好控制。

此外，二次骨折預防亦是重點所在。值得一提，即使鑲了鋼板螺絲，金屬旁邊的骨骼，或對側髖關節亦有可能骨折，故患者需要由多個不同醫療專業人員，從不同角度進行護理。瑪麗醫院由 2007 年成立的老人髖部骨折之臨床路徑，對老人髖部骨折作全人治療，由骨科醫生和老人科醫生領導，與麻醉科醫生、物理治療師、職業治療師、護士和醫務社工及其他專業人員攜手合作，透過服用抗骨質疏鬆藥物，治療骨質疏鬆。一些防跌措施，如外展物理治療師加強患者平衡性，由職業治療師進行改善家庭環境風險，如在洗手間安裝扶手，或由醫務社工安排安全的生活地方，亦是減低二次骨折的有效方法。

第三章：創傷篇

香港大學李嘉誠醫學院
矯形及創傷外科學系
臨床副教授

方欣碩醫生

3D 打印技術的骨科應用

3D 打印技術在骨科的應用層面極廣，除可製作骨模、輔助手術工具，亦可印製置入人體的植入物。能矯正畸型、減少創傷的同時，亦能提升手術精準度、降低感染風險、縮短留院時間及加快術後康復，優點不少，相信是未來大勢。

● 骨模製作

當骨骼因意外移位、折斷或畸型，可透過 3D 打印技術製作骨模，以掌握骨頭移位、斷裂或出問題的確實位置，提升手術治療的精準度。

以嚴重脊柱側彎病人為例。隆起的背部內有不少神經線受壓，以致患者無法走路，亦無法控制四肢，故需以手術切走駝峰並將脊柱拉直。透過電腦掃描側彎的脊柱，再以 3D 打印轉化為立體模型後，有助掌握問題位置，知道哪個部位最有需要做手術切除，模型亦可作為向患者家人解釋病況的輔助工具。

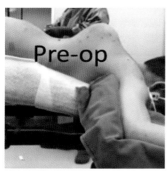

病人有嚴重脊柱側彎，背部隆起。

3D 打印隆起脊骨的立體模型，作為手術的參考。

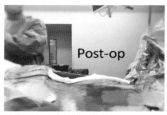

手術切走駝峰並將脊柱拉直。

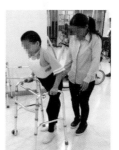

病人脊柱彎度回復正常，並接受復康治療。

第三章：創傷篇

亦有患者曾因感染肺癆令髖關節融合而無法活動,經修復後植入金屬。及後患者不慎跌倒,弄斷了關節,因有金屬植入物存在,妨礙手術,需拆走舊有植入物才能做手術,但拆卸程序卻頗為繁複。其實患者只是斷裂關節頂部有微小裂痕,問題不大,只需將之釘緊,便可重新走路。改以 3D 打印模型,可確實掌握過往骨折及鋼板鑲嵌位置。然後開一個小傷口,便可在毋須拆走舊有植入物的情況下,在新傷患處鑲嵌鋼板及螺絲。簡化工序可降低手術難度,縮短手術時間,減少傷口流血及加快康復速度。

● 設計輔助手術工具

3D 印製的模板、導向器等輔助手術工具,有助提升手術速度及精準度。例如一些需嵌入螺絲的脊柱側彎手術,可預先 3D 打印導向器,覆在需進行手術的骨上,以輔助螺絲嵌入準確位置,不如過往般需不停在手術期間照 X 光確定位置,費時失事 。簡化步驟可讓治療團隊集中精神處理其他較難的步驟。

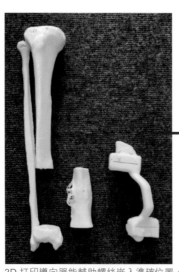
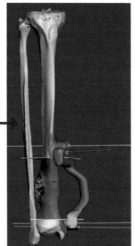

3D 打印導向器能輔助螺絲嵌入準確位置。

亦有個案在脛骨上長了惡性腫瘤。術前可 3D 打印臨時固定骨頭的工具,能確定切除位置,加快手術進程之餘,亦有助切除後固定骨骼結構,確保病人術後能更快康復。

● 製作植入物模具

這方面的技術發展暫時仍未算成熟。政府對醫療損耗品仍有不少限制,如安全度、有否經過嚴格測試等。金屬植入物因受嚴格監管,故在目前未知有何併發症,物料是否安全、會否受排斥,設計上能否承受長遠壓力及撞擊等狀態下,只會用於沒其他方法可用的特定病例上。

其中一個病例的患者因交通意外送院後,才發現巨骨撞斷並遺留意外現場。以往解決方法是將巨骨對下的關節與對上的關節融合,但缺少了關節其中一部分,病人的腳會變得僵硬,可能出現長短腳,走不了斜路之餘,亦會經常出現痛楚。透過 3D 打印健肢的鏡像巨骨骨模,放入骨水泥並製成適用於患肢的植入物,可替代已失去的巨骨。骨水泥的安全性已經驗證,而且它可釋放抗生素抵抗感染,能有效解決創傷引起的骨頭斷裂。(個案提供:東區尤德夫人那打素醫院 — 趙善揚醫生)

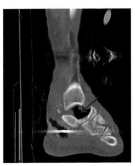

患者於交通意外擠出斷距骨【箭嘴所示】形成一個洞。

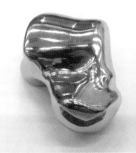

透過金屬 3D 打印距骨植入物。

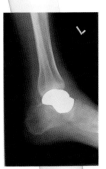

3D 打印距骨表面非常光滑,可植入人體,替代失去的距骨。

第三章:創傷篇

• 直接用於關節置換

除了普遍採用的塑膠，3D 打印金屬物料亦非不可能，這方面國內的使用較香港更普遍。例如打印髖關節置換的組件，以重造髖關節。

一位患者肩關節有惡性腫瘤，經切除後，留下一個洞，有待填充，也就利用 3D 打印金屬部件，猶如配零件般，將之置入病人體內。3D 金屬組件的優點在於可與生物互相結合的特性。組件表面佈滿小洞，容許血管、組織，甚至骨頭在其間生長，與之融合，成為身體一部分。術後至今半年，患者已可活動自如。

「香港製造」3D 金屬組件表面佈滿小洞，容許血管、組織，甚至骨頭在其間生長，最終成為身體一部分。

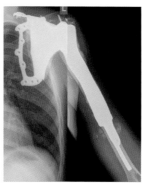

患者肩關節的惡性腫瘤經切除後，以 3D 打印金屬部件填充術後留下的空隙。

術後至今半年，患者已可活動自如。

3D 打印機有多種不同類型，如鐳射打印、噴墨打印，可同時打印不同物料。而由於技術涉及電腦數據，故打印前需以電腦掃描影像，除了出問題的位置，亦有可能需掃描健全的部位，以轉化為鏡像，作為製作患處骨模、組件等的參考。涉及的程序多了，成本亦因而提升。但影像掃描卻並不會大幅提升輻射量，大概只是幾十程飛往美國的機程，增加癌症風險的可能極低，故市民毋須過慮。

香港大學李嘉誠醫學院
矯形及創傷外科學系
臨床助理教授

潘卓庭醫生

修復骨折 首選微創？

在人人「公認」凡微創皆好的今天,「微創」二字彷彿與手術不可分割,應用在骨科層面上,微創又可發揮甚麼成效?而傳統骨科手術是否又必然被比下去?

先談骨科創傷。它可被分為兩大類:
1. 骨折 — 傷及四肢、盆骨或脊椎骨骼;
2. 運動創傷 - 傷患主要位於韌帶、筋腱或半月板。

以骨折為例,傳統手術的特點為:將骨折部位整個打開。先開傷口,將骨肉分離,暴露出骨折的兩端,以肉眼判斷準確位置,直接復位,再以螺絲鋼板固定。與之相比,微創手術共有以下不同之處:

1. 施行時間

傳統手術需待患處消腫、水泡消散後才可施行。微創手術則因創傷小,軟組織狀態並非十分理想時也可施行,故並沒此限制。

2. 醫生技術

傳統手術因打開傷口後一目了然,醫生可就所見接駁固定。微創手術則因傷口較小,故術前需作周詳規劃。醫生需詳看 X 光、電腦造影或 3D 打印模型,掌握每塊骨的移位方向和具體位置;有了概念後,術前計劃時還要有不同後備方案,例如計劃先用手法牽引將斷骨接駁,後發現實際上無法實行或未如理想的話,就要選用一些替代方案,例如策略性地經小切口用工具撬撥。

醫生亦須清楚掌握患處的解剖學,知道神經線、血管的具體位置,然後避開,由於微創手術一般會於遠離骨折的兩端開傷口,中間部分不會打開,如未能清楚認知神經線位置,放入鋼板和螺絲釘時有機會傷及重要組織。

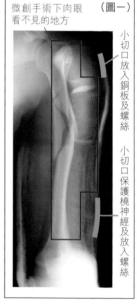

微創手術下肉眼看不見的地方　　（圖一）

小切口放入銅板及螺絲

小切口保護橈神經及放入螺絲

雖然微創手術可減輕對骨折附近軟組織的傷害，但修復骨折最基本的原則是復位及固定，既然不能如傳統手術般打開傷口復位，也就需用很多肉眼看不到的方法復位（前頁圖一），故對醫生技術要求會更高。

3. 手術儀器

傳統手術只需最基本的手術刀和鉗，微創手術則需以間接方法令斷裂骨骼復位，故會有其他儀器如牽引器，以外固定牽引法將斷骨牽引至一個合適位置，亦有各種專為經小切口復位用的鉗。當骨折伸延至骨末端關節面時，便需要於關節置入內窺鏡，以掌握關節的復位情況。因為微創手術中骨折沒有暴露出來，術中要衡量骨折復位的質素就要大量的X光的應用，手術室內的醫護人員都要穿上沉重的鉛衣作保護，減少輻射接觸。

4. 內固定金屬

微創手術很多時要配合使用特製的內固定鋼板。解剖性鋼板就是弧度、角度和長度特別針對身體不同部位設計的鋼板，特別之處在於其大小、弧度是生產商參考正常人的數據製造。在微創手術中，解剖性鋼板的好處在於，由於它是專為某個身體部位而設，猶如度身訂造，可以省卻醫生將鋼板由直折彎的工夫，故可縮短手術時間。只要把斷骨拉近鋼板，可利用鋼板本身的弧度角度幫助復位。鎖定型鋼板有別於傳統鋼板，板上的螺絲孔有紋，跟螺絲頭的紋能互相配合及鎖定，因而會更穩固，就算鋼板不是緊貼骨表面亦不會影響其穩定程度。

不過大部分鋼板是參考自西方人的身體數據製造，跟中國人的弧度、大小有差別，故需於手術期間調節。

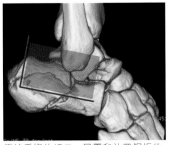 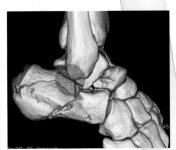

傳統手術的切口，展露和放置銅板的地方。

微創手術的切口，展露和放置銅板的地方。

第三章：創傷篇

微創還是傳統？

決定使用微創還是傳統手術，主要根據以下三點作考慮：

- 骨折狀態

  骨折可分為簡單或粉碎性骨折，前者為一條骨一分為二，後者是一分為二以上。簡單骨折最佳處理方法是以傳統開放式手術方法切開，看清骨折狀況，拼合，再加壓和固定。如以傳統手術處理粉碎性骨折，傷口較大之餘，還需進行很多骨肉分離步驟，此動作其實是在削弱骨的血液供應，有機會引致骨枯、骨不癒合，甚至增加細菌感染風險。故粉碎性骨折適合以微創手術處理，即在遠離骨折的兩端開傷口，中間部分盡量保留原狀，維持其血液供應，以間接方法令骨復位，後以螺絲固定。原來斷骨不一定需要百分百對準才能癒合，只要把兩端固定到合適位置，回復其長度、角度和旋轉度，保存血液供應，便很大機會癒合。

- 骨折表面軟組織情況

  視乎肢體受創的程度，患處的皮膚會腫脹、起水泡，有時程度可以很誇張。這時候開大傷口和骨肉分離的話，容易發生傷口併發症，例如不能縫合切口、傷口壞死和細菌感染。適當利用微創方法可避免令軟組織傷上加傷。

- 醫生技術及專業知識

  微創手術難度相對傳統手術高，醫生必須結合解剖學的知識、傳統手術的經驗、保存軟組織的心志、操控微創手術工具的技巧及間接復位相關技術，方能進行。

骨折微創手術真實個案

1. 梁先生 55 歲 交通意外致手臂肱骨粉碎性骨折

骨折範圍頗長，並非簡單骨折。傳統處理方法需由肩膊至近手肘位置開大傷口，撥開胸肌、肩膊三角肌、老鼠仔二頭肌和橈神經線並將斷裂的骨對準。此類骨折以微創方法處理應較合適。

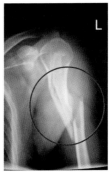
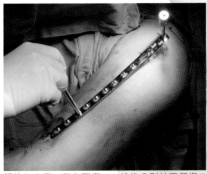
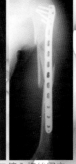

手臂肱骨粉碎性骨折
（如紅圈所示）

鋼片經上傷口置入下傷口，然後分別於兩個傷口鑲入螺絲固定。

首先在肩膊及手肘開小傷口，保護腋和橈神經線，在 X 光輔助下，將預先拗曲至適合病人骨外形弧度的鋼片經上傷口置入下傷口，然後分別於兩個傷口鑲入螺絲固定。即使折斷的骨並沒百分百對齊，只要恢復長度，沒有起角或旋轉畸型，骨折仍可迅速癒合。個多月後，他已可舉手活動，身體功能亦因而能更快恢復。

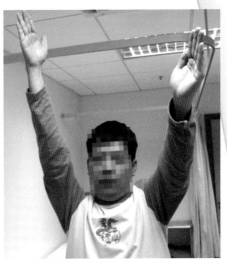

個多月後，梁先生已可舉手活動。

第三章：創傷篇

2. 張先生 40 歲 高處墮下致跟骨骨折

3D 電腦掃描影像可見跟骨多處碎裂，由於其軟組織狀態較差，有瘀、腫及起水泡，將承受不了傳統大切口手術的創傷，很大可能引致傷口急性細菌感染、跟骨慢性感染、滲膿、不癒合，甚至有截肢可能，故最終決定採用微創方法。

先於屬距下關節的地方開小傷口，將關節面復位，其他碎骨部分則以牽引方法恢復原貌，再以數粒螺絲固定。螺絲的兩端落在沒粉碎的硬骨上，支撐整個復位。由於血液供應得以保存，骨折可以快速復元。約兩個月後，患者便可正常着地站立，拆了螺釘後就恢復工作。

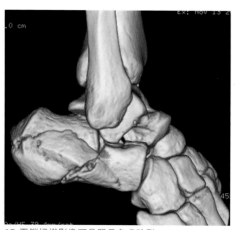

3D 電腦掃描影像可見跟骨多處碎裂

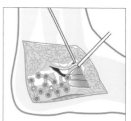

傳統大切口手術的創傷，很大可能引致傷口急性細菌感染。

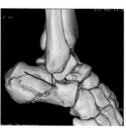

小切口復位

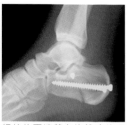

螺絲的兩端落在沒粉碎的硬骨上，支撐整個復位。

微創未必優於傳統

值得一提的是，理論上，微創優點多多，例如傷口較小、流血較少、術後痛楚較輕微、細菌感染風險較低、骨折癒合更快，但以上僅為理論上的好處，暫時醫學上仍未能證實任何位置的微創手術優於傳統手術。大部分文獻只指出微創不會比傳統差，但要證實比傳統好，尚需更多前瞻性隨機研究支持。

不可忽略的是，當一種技術愈多人應用，便愈容易被濫用，繼而引發種種問題。對微創手術掌握仍未純熟時，醫生或會過於着緊令傷口變小，而忘了骨折處理的初衷是將骨復位。不少微創的問題在於術後骨折仍未復位。雖然骨只要固定於適當位置便會生長，但醫生仍要掌握何謂適當位置，不做好復位，骨還是不懂自行癒合。另外，在看不到神經線及血管的情況下，如盲目追求小傷口，絕對有可能傷及神經線及血管。

正因如此，準確判斷骨折是否適合進行微創手術是非常重要。因為勉強用微創手術處理簡單骨折，達不到成效之餘，更有可能引致併發症，隨時得不償失。

第三章：創傷篇

香港大學李嘉誠醫學院
矯形及創傷外科學系
名譽臨床助理教授
余敬行醫生

句句有骨

截肢的迷思：
肢體重建手術更勝義肢？

截肢，顧名思義是以手術切除整個或部分肢體。從手術角度考慮，以膝蓋以上或膝蓋以下截肢手術最為普遍。雖然不少病人要面對截肢抉擇時，都傾向保留肢體，寧願保留屬於自己的四肢，也不願裝上義肢，但在截肢手術及義肢製作技術日新月異的今天，重建肢體跟佩戴義肢相比，後者不一定遜於前者。

病人需要截肢的主要原因，包括：

● 糖尿病周邊血管病變

　　患者腳部發炎、細菌感染、供血受阻，藥物亦無法控制而需截肢。

● 創傷

　　如車禍導致嚴重受傷，亦包括地震、戰爭、槍傷等意外。

● 腫瘤

　　長於骨或軟組織的惡性腫瘤，為了保命，多會採取截肢手術對策。

　　本港的截肢手術病例中，以糖尿病引起的周邊血管疾病最為常見，又以膝下截肢最為普遍，主要原因是希望將手術的影響盡量減低，保留膝關節以增加病人活動能力及方便日後安裝義肢。

保留肢體未必最理想

一般情況下，如讓病人選擇，他們也希望能保留原有肢體。但事實上，這未必是最好的治療方案。很多時候，一些很嚴重的病症，即使能保留肢體，亦可能會出現長期不適或痛楚，對回復活動能力幫助亦不大，故安裝義肢在個別情況下或許會更理想，以下真實個案可有助闡明：

兩位同樣患有骨癌的小童，選用了兩種不同的治療方案，病人 A 重建肢體，病人 B 截肢並佩戴義肢。直到今天，兩人仍然生存，生活質素卻截然不同。

接受了截肢手術的病人 B，整條腿連髖骨一併切除，連髖關節亦摘除，需裝上義肢。現在他毋須使用拐杖，當長高了，另一邊健全的腳長了，義肢亦可加長以作配合。現時，他可自如地行走及坐下，亦可如常上班。

第三章：創傷篇

句 句 有 骨

選擇保留肢體的病人 B，則切除了受腫瘤影響的組織及骨骼，然後補回真骨骼，重建「新腳」，這隻「新腳」有血液供應，亦有感知，但是膝關節無法屈伸。及後長高，健肢及「新腳」出現了約一尺的長度差距，故需以拐杖及加高鞋輔助行走，坐下時亦需抬高「新腳」以遷就差距，生活質素可想而知。

截肢手術及義肢製作日新月異

其實隨著醫學技術的進步，現時不論截肢手術還是義肢製作，都有一定程度的發展及進步。

截肢手術屬破壞性手術，複雜程度較低，毋須如其他融合或修復手術般，需接駁血管、神經或骨。但進行截肢時亦會盡可能保留關節，愈保留得多，愈更方便使用義肢。而截肢後，需待傷口完全癒合，即約 2 個月後，方能佩戴義肢。

現時義肢的發展步伐與日俱進，例如已有安裝了微型電腦處理器的義肢面世，可偵察到身體活動，有些甚至可跟病人骨骼鑲在一起，讓患者行動更自如。由電腦控制的義肢，甚至會學習病人的步態，健肢及義肢的步伐也就能互相配合，讓患者走起來路來更得心應手。即使上落樓梯亦會大大減少跌倒的風險。

上肢義手亦同樣有跟真手一樣細緻動作的能力。過往，上肢義手只有簡單的開合功能，病人希望得心應手地使用上肢義手非常艱難。現今的電子義手已經可以使用不同的感應器，加上智能電話來操控，提升電子義手的手指活動能力，甚至跟真手相若，能夠做出不同的動作及手勢。例如跟別人握手，用者可感應到對方的手，因而不會過度用力擠壓。而即使以義手拿着薯片，也不會因用力不當而弄碎。

以肌肉電流操控

到底電子義手是透過甚麼原理操控呢？原來，人的肌肉收縮時會產生微量電流，電子義手正是靠接收皮膚表面上微弱的肌肉電流訊號來控制義手。最少有一組可以發出足夠訊號的肌肉便可以用來控制義手。不同的肌肉收縮方法、節奏也可以用來控制不同的義手動作，大大提高義手的可用性。

與傳統的義肢不同，電子義肢內裝有電池、摩打及一套非常精密的微處理器，而且有防水設計。電子義肢的重量會比一般傳統義肢為重。如電動車般，電子義肢亦需充電，根據患者使用的時間，最長可使用 48 小時。一般電子義肢的電池壽命約為 3 至 5 年，效能減低就要更換。

不得不提，義肢是按照肢體的形狀倒模製作。由於皮下組織受創傷時，肢體會腫脹，隨後才會慢慢消腫。但為了加快復康進度，讓病人可儘快練習使用義肢，故並不會待其完全消腫才裝配義肢。正因如此，初期義肢需要不時更換。由肢體仍腫脹時，至炎症慢慢消失，到肢體穩定的半年至一年內，病人便需要裝配不同尺寸的義肢，直至肢體形狀及大小穩定為止。而往後義肢亦需繼續保養及維修。

情況就好比駕車，當考牌成功後，不再需要教車師傅，但卻需要車房跟進，因為機油、輪胎、皮帶均有耗損，汽車亦有換油需要；就如患者完成手術，裝配好義肢後，也需要義肢的相關保養、維修等支援服務一樣。

用者宜抱合理期望

不過對於義肢的功能，用者宜抱合理期望。常有病人會問：是否只要用上最昂貴的義肢，一些在截肢前能夠輕鬆完成的動作，截肢後就能即學即懂，又或者很快就能駕馭呢？答案是：不會。事實上，患者截肢後，當然希望能盡量恢復肢體原有的功能，但技術上卻很難百分百做到。因為肢體被截除一部分後，身體需以剩餘的肌肉及關節彌補失去的功能。義肢本身是不懂活動的，需靠身體其他的關節及肌肉幫助它活動，因此功能一定比不上原有的。但使用電子義肢的組件如電腦、摩打加上適量的練習，可讓肌肉及關節花更少氣力去彌補失去的功能，令其回復跟以往相若的水平。

電子義肢助患者重拾信心

第三章：創傷篇

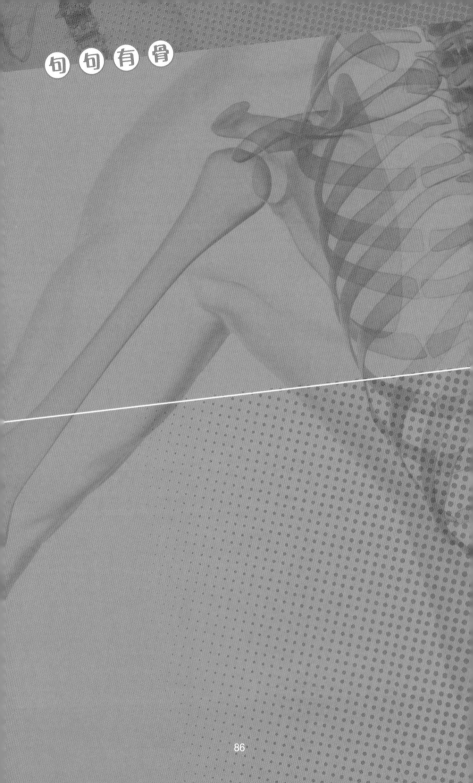

句句有骨

第四章：

綜合骨科篇

香港大學李嘉誠醫學院
矯形及創傷外科學系
名譽臨床助理教授

張偉源醫生

椎骨退化不可怕？
神經受壓 小事變大事！

人體脊椎由脊椎骨與椎間盤組成。椎骨會隨年齡增長而自然退化，若加上勞損、創傷、感染等因素，更會加快椎骨退化的速度，不少 40 歲或以上的人士照過磁力共振掃描（MRI）皆可發現有椎骨退化的跡象。

椎骨退化使神經受壓的情況很普遍，因此而需要進行手術治療比椎骨感染、創傷、腫瘤手術更常見，絕對不容忽視。神經受壓絕非小問題，平日就應好好留意自己有否出現相關症狀，如有需要盡早求醫，方可避免小事化大！

拆解椎骨退化成因

椎骨退化會因自然衰老而出現，亦受遺傳因素影響，例如維他命 D 受體與膠原蛋白基因變異與早期的椎骨退化相關。除此之外，以下的後天因素也可加速椎骨退化：

- 姿態不佳：低頭族長時間彎曲頸部，寒背族則長時間保持身體重心前傾，為頸部、胸椎和腰椎造成額外壓力，加速退化。
- 創傷：可能損害椎間盤的血液供應，使其提早退化。
- 發炎：炎症如類風濕關節炎與感染性脊椎炎，能侵蝕脊骨，使退化提前出現。

椎骨退化與神經線病變

脊髓和馬尾神經（脊椎下部的脊髓神經束）皆包含在脊柱的椎管中。脊髓屬中樞神經線，由腦部延伸至脊骨，經脊髓神經線當中會分叉出脊髓神經根，脊髓神經根穿過椎間孔形成周圍神經叢，負責上肢、下肢和括約肌功能。

神經線病變指神經組織的疾病與功能障礙，而壓逼性神經線病變（compressive neuropathy），乃指神經線因受壓以致功能受損。一旦壓到脊髓神經、馬尾神經或脊髓神經根，可引起神經系統症狀如：麻木、無力、上或下肢動作變得笨拙（有時會四肢同時出現）及括約肌功能受損。由於不同神經掌控不同功能，故此受壓後將引發不同徵狀，以下僅為其中幾個例子：

受壓神經	引發徵狀
頸椎神經根	手臂及／或手掌痺痛，感覺與力量減弱，難以進行精細動作，如寫字或扣鈕出現困難。
頸椎脊髓神經	不止手部，可能腳部功能也變得笨拙及難以行走，嚴重者連大小便控制功能都喪失。
腰骶神經根	影響下肢活動與感覺，甚至大小便功能。
腰椎第四，第五和骶骨第一節神經根（最常見受壓神經根）	小腿及腳部疼痛、麻痺，嚴重可影響腳部發力。
腰椎馬尾神經	臀部與會陰感覺喪失、便秘、大小便失去控制。

神經受壓成因多

那麼到底有何成因才會導致脊髓神經、馬尾神經或脊髓神經根受壓？

- 脊柱椎間盤突出：
  - 椎骨退化會使脊柱椎間盤脫水變扁後突出，使椎管變得狹窄及壓到神經。
  - 椎骨退化以致脊柱椎間盤脫水，環狀纖維硬化，在比較輕微的創傷後，如提起重物或打噴嚏，可引致椎間盤撕裂，令椎間盤正中部分的啫喱狀物質 — 髓核（nucleus pulposus）被擠出並壓到神經。
- 脊柱韌帶增厚或骨化：黃韌帶位於椎管內，負責在椎板之間維持脊椎的穩定性，一旦退化將會增厚，最終使椎管狹窄壓到神經。
- 骨刺：小面關節是位於脊椎後側成對的細小關節，負責串連起兩節椎骨。小面關節若增生出骨刺可壓到神經。
- 椎骨半脫位：椎骨退化可引致椎骨不穩定，以致脫位或脊彎，可壓到神經。

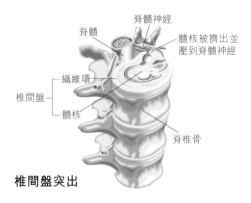

椎間盤突出

診斷不宜遲

當神經受壓時，較敏感的感覺神經會最先受影響。換言之，當神經受壓時，通常最先出現感覺病徵，例如麻痺痛楚或活動得不暢順，惡化後才會影響到肌肉力量，最後才會影響到大小便控制。如果只是輕度麻痺之類的輕微徵狀，可先保持觀察，不過當情況持續 6 星期，建議求醫找出原因。若痛楚強烈或神經功能已大受影響，例如肌力已受影響甚至大小便控制後，便應馬上求醫不宜再拖。以下為求醫後進行之相關檢查：

● 臨床檢查

醫生進行診斷時，首先會從求診者病歷入手嘗試找出症狀出現的成因，並排除嚴重問題如腫瘤擴散、脊骨感染、骨折等等。下一步是進行臨床檢查，包括檢查感覺神經、肌肉力量、肌肉反射與其他臨床體徵。

舉例若於臨床檢查中發現求診人士的大拇指，食指和前臂外側感覺變差，手腕肌力變弱，可能是頸椎第六節的神經根受壓。有了初步懷疑，就能針對該節神經作進一步影像檢查。

● 影像檢查

X 光檢查可助排除惡性骨腫瘤或脊椎受感染的可能，並確認神經受壓是否由退化或由退化引起的問題（例如椎骨脫位、側彎、駝背等）引致。X 光只能反映骨骼變化，如欲觀察神經線影像須進行磁力共振檢查（MRI），找出神經的問題，如神經訊號異常、神經線受壓等，以便制定下一步治療方案。

手術何時做？

椎骨退化乃自然現象，本來不必治療，不過若椎骨退化以致壓逼性神經線病變，就要視乎兩方面來考慮需否進行手術。

1. 病徵嚴重程度：如果患者單單出現神經痛病徵，可以作保守治療，觀察病情變化而未必需要接受手術。不過若神經病變已進展至肌肉力量出現減弱甚至大小便功能控制出現問題，代表情況嚴重，通常建議接受手術治療。

2. 成因：如果神經痛是因椎間盤髓核突出所致，由於髓核可隨時間被身體吸收，故病徵亦會隨著時間消失，未必需要接受手術治療。然而由脊柱韌帶增厚或骨化、骨刺與椎骨半脫位所致的神經徵，一般難以自行消失，保守治療的成功率不高，故在綜合病徵嚴重程度後，有可能需要接受手術治療。

保守治療與手術治療

因脊椎退化，椎管狹窄以至神經痛問題，如沒有重要的神經功能受損，一般可先作保守治療，包括物理治療和藥物治療。以腰椎間盤突出的患者為例，他們往往在進行某些動作（如腰部向前屈）時痛楚會加劇，做某些動作（向後彎腰）時痛楚程度較低。物理治療師會為患者進行一些止痛物理治療，並指導他們作活動腰部的運動，也會為其強化腰部肌肉，提升腰椎穩定性，從而改善病徵。

此外，服用非類固醇類消炎止痛藥（NSAIDs）或注射類固醇混合局部麻醉藥有助紓緩痛楚。椎管狹窄除了會使神經受壓，同時會刺激身體產生炎症反應，其時可考慮接受半入侵性治療，進行硬脊膜外麻醉減輕發炎反應及痛楚。

若保守治療失敗或病人的神經功能有重要的受損，我們便需要考慮手術治療。手術目的是將椎管狹窄的部分加以擴闊，藉此達至神經減壓，舒緩病徵的效果：

1. 脊椎前路減壓及融合術：手術從身體前方開刀到達椎骨，清除退化突出的椎間盤及椎骨骨刺，擴闊椎管，為受壓的神經減壓，之後放入植骨物料讓椎骨融合。
2. 脊椎後路減壓及融合術：於背部開刀到達椎骨，把增生的骨刺和韌帶清除，把椎板清除或打開，擴闊椎管，作神經減壓。如有需要，我們會為不穩定的椎骨固定及融合。

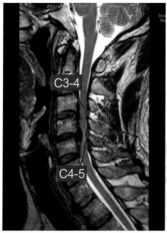

頸椎脊髓神經病變，C3-4 與 C4-5 節
頸椎脊髓受壓

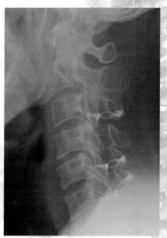

頸椎脊髓神經病變接受椎板成形術後
的 X 光側面圖

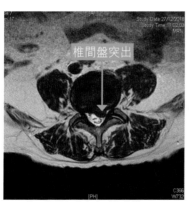

L4-5 節腰椎間盤突出症手術前橫切面

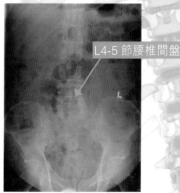

L4-5 節腰椎間盤突出，於該節
左側進行椎間盤開窗術與椎間盤
切除術後狀況

第四章：綜合骨科篇

減慢椎骨退化小貼士

如果懷疑自己出現與神經相關的病徵時宜求診驗證。另外，雖說椎骨退化避無可避，不過日常也有一些推遲椎骨退化的小貼士：

- 避免煙酒
- 肥胖人士宜適當減重，減少脊椎負荷
- 保持良好姿勢，避免經常低頭或駝背
- 加強肌肉訓練，以改善脊柱的穩定性及減輕脊柱與關節的壓力
- 搬運重物時須保持姿勢正確，避免增加腰背負荷及減低創傷機會
- 避免脊椎因過度使用以致勞損加快，日常應減少重複性地提取重物或進行易造成勞損的運動（如舉重）

香港大學李嘉誠醫學院
矯形及創傷外科學系
名譽臨床助理教授

霍奐雯醫生

破壞力強可致命
防不勝防的壞死性筋膜炎

第四章：綜合骨科篇

壞死性筋膜炎又稱食肉菌感染，乃指軟組織與筋膜受嚴重細菌感染以致發炎的情況。 可引發此症的細菌不止一種，一旦感染可從筋膜迅速蔓延至全身，短時間內就能破壞身體組織，惡化迅速更可致命，死亡率高達 50%，令人聞風喪膽！

極速蔓延 全身受累

壞死性筋膜炎其中一個可怕之處，在於防不勝防，即使肉眼上沒察覺皮膚有損傷也可受感染。細菌通常先侵襲四肢，之後才蔓延全身。若由小腿開始受感染，短時間內就可蔓延至大腿甚至軀幹，而當軀幹也受侵襲時，死亡率幾乎高達 100%。若由手指開始感染，可快速蔓延至手掌、手腕、手臂。當肩膊也受感染，代表快將蔓延至胸部，死亡風險大大提升。當身體發生嚴重發炎反應，心肺機能最終會受累以致危及生命。當出現以下局部或全身病徵，可能代表已受感染。

- 局部病徵：初時，受感染之處會出現與一般細菌感染相似的徵狀，包括紅腫發痛，然而壞死性筋膜炎所引致的痛楚會較普通感染強烈，尤其稍微活動患處將帶來與傷口比例不符的極大痛楚。此外，由感染引發紅腫的蔓延速度會較一般感染快很多，短短數小時已能從小腿蔓延至大腿。
- 全身病徵：發燒、不適、疲勞。

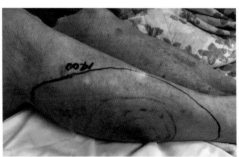

壞死性筋膜炎引發紅腫的蔓延速度非常快，由圖中藍色圈的時間可以看到，在數小時內感染範圍已經可以擴大一倍。（版權由霍奐雯醫生所有）

食肉惡菌 可避則避？

壞死性筋膜炎如此可怕，大眾平日能夠如何提防？解答這條問題前，不妨先了解食肉菌從何而來。食肉菌是一整個細菌族群的統稱，部分細菌甚至常見存在於皮膚，但為何入侵體內後會引發壞死性筋膜炎的成因仍然未明。最常見引致此症的食肉菌有三種，分別為：

- 甲型鏈球菌（Group A streptococcus）
- 海洋創傷弧菌（Vibrio vulnificus）
- 化膿性鏈球菌（Streptococcus pyogenes）

健康人士未能倖免？

壞死性筋膜炎並不罕見，以往較多發生在年輕而健康的人士身上。隨時間過去，細菌可能有所變種，近十年的個案較常出現在免疫力較低人士或長期病患身上。高危人士包括：

- 健康人士
- 身上有傷口
- 曾出過水痘
- 經常接觸海水
- 曾進食海產
- 曾接受腹腔或婦科手術
- 糖尿病人
- 腎病病人
- 肝衰竭病人
- 靜脈藥癮者（以靜脈注射方式吸食毒品的上癮人士）：經常進行注射可將細菌帶進體內
- 接受過剖腹或婦科手術的病人：部分可引致此症的細菌有可能殘留在手術工具上引起感染

密切監察　診斷要快

壞死性筋膜炎發展迅速，診斷爭分奪秒，未必等得及電腦掃描（CT Scan）或磁力共振（MRI）掃描結果出爐，因此若高度懷疑病人患壞死性筋膜炎，可能需要馬上進行手術處理。

醫護人員會每小時密切監察病人情況（包括體溫，脈搏和血壓），並於病人紅腫的皮膚上畫下標記以觀察紅腫有否蔓延，亦會檢查其肢體看有否出現嚴重痛楚。如未能確診加上病情發展較慢，可從患處抽出體液化驗進一步化驗所含何種細菌以便治療。如果仍未能確定有否發炎，或需進行掃描去確認。

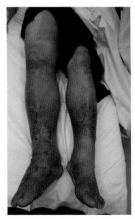

延遲診斷的情況：可以見到壞死性筋膜炎已經影響整條右腿。（版權由霍奐雯醫生所有）

雙管齊下　減死亡風險

皮膚最淺層為表皮層，之後為：皮下組織、脂肪層、筋膜、肌肉層等等，壞死性筋膜炎正是從筋膜蔓延。由感染所引發的炎症反應會使筋膜水腫，甚至令皮下微絲血管閉塞，皮膚表面可能會變得腫脹，情況嚴重的話更可引致筋膜以下的肌肉壞死。

治療壞死性筋膜炎不會單用抗生素，必須配合手術方能減低病菌數量。須知道細菌無法完全清除，壞死的肌肉固然要切除，然而只是殘留少量細菌而醫生評估後認為組織有機會自行復元，也可能得以保留該部分不作切除，不過一切視乎個別病人狀況而定。

- 抗生素：針對常見食肉菌適用不同抗生素，例如剖腹手術器具上有特定的食肉菌類別，若發現求診病人曾接受剖腹手術，便可選用針對該類細菌的特定抗生素，能更有效減低感染風險。

- 手術治療：正因筋膜感染後上至影響表皮，下至波及肌肉層，故治療壞死性筋膜炎時須連同表皮、脂肪層與筋膜的懷疑受感染範圍一併切除，如果肌肉壞死則連同肌肉層也須清除。

如果病人情況穩定，醫生會傾向盡可能保留肌肉層與肢體，但當壞死性筋膜炎發展成嚴重感染，病人血壓已跌至極低，並已使用多種強心藥物去控制血壓時，代表情況極度危急，必須以最快速度阻止感染蔓延。其時即使連同肌肉層切除，也未必能馬上控制到感染，故只能選擇截肢保命。

壞死性筋膜炎的手術難以一次就完成，可能需要進行多於一次手術才能較徹底地清除感染，過程除了清創也會植皮。醫生在第一次手術時會盡量將病人大部分受感染部分切除，約兩天後會再將病人送到手術室清洗傷口及重新檢視發炎情況，有需要時再安排多一次清創與植皮手術。

 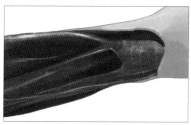

清創手術治療：治療壞死性筋膜炎時須連同表皮、脂肪層與筋膜的懷疑受感染範圍一併切除，直至見到健康肌肉層為止。（版權由霍奐雯醫生所有）

- 術後營養配合：完成手術後不代表治療已經完結，病人仍需服用抗生素藥物控制感染，此外還須於飲食與照顧方面配合。具體而言，須讓病人補充足夠營養加強身體抵抗力，尤其長期病患人士的抵抗力本已較弱，更應額外留神。

及早留神 保命要緊

壞死性筋膜炎死亡率高達 50%，部分人是由於本來已屬免疫力較低人士，也有部分人送院時感染已擴散至軀幹。當感染已蔓延至軀幹，手術亦無用武之地。假若始終找不到感染的是哪類細菌，或感染的細菌是一種抗藥性細菌時，可能連抗生素都無用。

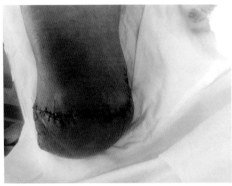

嚴重個案需要進行截肢手術以保存性命。(版權由霍
奐雯醫生所有)

正因如此,如能在病發初時就能察覺狀況不尋常而求醫,及早給予適當治
療,相信有助提高存活機會並減低致殘或致死機率。大眾如發現皮膚上的
紅腫快速蔓延,感到劇烈痛楚,還伴隨著高燒徵狀,建議提高警覺,馬上
求診。

香港大學李嘉誠醫學院
矯形及創傷外科學系
名譽臨床助理教授

陳志發醫生

關節也水腫？
積液處理有辦法

正常情況下，關節裡面會存在少量關節液，主要在關節軟骨表面起潤滑作用，讓軟骨活動保持順暢。關節一旦受傷將會分泌過多關節液並積聚於關節內形成水腫，引發該部位的不適甚至活動困難。關節積液也有急性與良性之分。到底什麼情況下才需求醫？

關節有其分類，大關節屬於滑膜關節（synovial joints），內有一層黏膜負責分泌關節液，每日只會分泌少於 4 至 5 毫升的關節液，份量少到難以針刺方式抽取。某些情況下，滑膜關節會受刺激並增生大量關節液以致積水。

急性關節積液

感染性關節炎：細菌感染（infection）可引起關節發炎，刺激滑膜關節增生關節液，使關節變得腫脹、發熱。此類關節腫痛會較非感染的關節炎症更嚴重，唯有醫生才能準確分清。感染不是小問題，具一定危險性，延遲處理會令關節受到不可收拾的破壞。

創傷：創傷之後關節內往往會積聚瘀血，亦可能伴隨韌帶或其他組織（如半月板）受傷撕裂甚至骨折。如有骨折或韌帶撕裂，關節通常即時就會出現腫脹且腫脹情況較嚴重，若是半月板撕裂，關節或於一段時間後才逐漸變得腫脹。無論哪類創傷，關節腫脹之餘還會伴隨疼痛及活動能力變差。

慢性關節積液

- 退化與過勞：關節會隨年紀退化，也會因過度使用而提早勞損。關節經常磨擦會削弱軟骨的保護，刺激到更多關節液增生及筋膜腫脹。此類關節炎紅、腫、熱、痛的徵狀相對輕微。

- 炎症（inflammation）：與細菌感染所致的關節炎不同，此處所指的是系統性的炎症疾病如類風濕關節炎與痛風症，皆可引起關節積水。此類關節炎徵狀雖與感染相似，但會伴隨其他相關的炎症徵狀如發燒、關節紅腫，類風濕關節炎更可能波及多個關節腫脹。

抽絲剝繭尋病因

關節積液成因眾多，如果由感染引起更是危險，故必須找出真正成因進行適切處理。除了綜合病歷與臨床診斷之外，透過針刺抽取關節積液，可找出更多資料去鑑別關節積液屬良性或惡性以及出現成因，有助對症下藥。

首先，觀察抽取出來的積液形態已能反映部分資訊。正常的關節液質地清澈，退化性關節炎抽出的積液亦然。混濁的積液可能反映關節出現細菌感染、炎症或尿酸過高，積液含膿代表很大機會有感染，積液有血通常是關節創傷所致。之後，關節積液會作進一步化驗。

由退化膝關節抽出來的關節積液

- 種菌與抹片測試：可從顯微鏡中檢查關節液內是否含有細菌並找出細菌種類。如發現關節液內含菌代表受到感染。
- 關節液結晶體分析：如於關節液中找到結晶體，可能是痛風或假性痛風的跡象。
- 白血球分析：正常關節液內的白血球數量應少於 100-200/cumm，若白血球數量高達 50000/cumm，代表關節有機會出現感染。不過白血球含量並非唯一判斷準則，須對照臨床徵狀與種菌報告等等作參考。

抽針減水腫

抽取關節液除了幫助診斷之外還有另一功用。部分情況下，即使早已確診關節水腫的成因，醫生仍會為病人抽取關節液，以減輕水腫情況，常見適用於退化性關節炎或炎症引致的水腫。進行抽針後，通常已能即時紓緩關節腫痛及改善關節活動能力。

關節水腫怎麼辦？

不同類型的關節水腫適用不同治療處理，並有保守治療與手術治療之分。

★保守治療

勞損與退化性關節炎人士，可採用 R.I.C.E. 急救原則治療。

- 休息（Rest）：應讓關節得到充份休息，避免加劇勞損。
- 冰敷（Ice）：冰敷有助減輕腫脹不適。
- 加壓（Compression）：於患處加壓有助消腫，例如穿著壓力襪。
- 抬高患處（Elevation）：盡量將患處抬高過心臟可減少血液流往傷處，有助消腫。

除上述急救法之外，藥物治療同樣有助紓緩病徵。非類固醇消炎止痛藥（NSAIDs）適用於炎症關節炎，但不適用於關節退化所致的水腫。撲熱息痛則可用於勞損與退化性關節炎。類風濕關節炎與痛風之類的系統性疾病有其他針對性的藥物治療，詳情可向醫生查詢。

★手術與抗生素治療

手術治療適用於感染性關節炎與部分關節創傷（如骨折、韌帶受傷）。感染性關節炎一旦延誤治療，很可能會對關節內的軟骨造成破壞，使關節出現早期退化，手術治療有助減低細菌破壞關節的可能。手術原理乃透過微創方式將關節內的積液清除後須配合抗生素治療，待種菌報告完成後，將根據結果而會再調整抗生素的選擇。至於關節創傷手術除了需清除積液之外，還須處理相關創傷問題，例如骨折固定或韌帶重建。

保護關節從今起

由於感染性關節炎具一定危險性，故當出現發燒與關節疼痛的徵狀時，須特別提高警覺，適時求診勿拖延。

如有勞損或過度使用關節先兆，就應及早改善活動習慣，好好保養關節以免使其提早退化。以膝關節為例，大眾應避免進行會造成膝關節負荷的動作，例如深蹲，平日亦可盡量減少行樓梯、下蹲等動作。過重人士應控制好體重，以免增加下肢關節負荷。

此外，針對關節附近的肌肉進行肌肉強化訓練並配合拉筋練習，有助提升關節穩定性及減低勞損與受傷機會。如欲加強膝關節的保護，可以針對股四頭肌進行強化練習：

1. 橡筋帶阻力訓練：坐在椅子上，雙腳平放地面，將一隻腳的足踝以橡筋帶縛於椅腳上，之後向上提腿，再緩緩放下。

2. 沙包阻力訓練：坐直身子，於足踝位置縛上小沙包，向上提腿，再緩緩放下。

香港大學李嘉誠醫學院
矯形及創傷外科學系
名譽臨床導師
蘇諾華醫生

關節骨骼 無聲受襲
感染性關節炎與骨髓炎

要隨心所欲地完成一個個細微或大幅度的動作,除了靠大腦作指揮,還有賴骨骼與關節的「通力合作」。然而默默支撐起軀體的骨骼與關節並非無堅不摧,一旦受到肉眼難見的細菌感染,足以對健康造成巨大影響。

關節與骨骼感染

感染性關節炎即關節受感染以致發炎,而單純的感染性關節炎代表感染尚未入侵骨骼。當骨骼與骨髓組織受感染並引起發炎,即為骨髓炎。

骨骼與關節感染在成人及兒童族群中皆不算常見,兩者都可以由創傷、手術、身體其他地方受感染再經血液傳至關節,關節附近有感染源頭所致。骨骼與關節感染需分開說明。

★骨骼感染

骨骼感染主要有三個感染途徑:

1. 直接引入細菌:例如創傷或手術,細菌直接由皮膚的破口進入骨骼,引發感染。
2. 血液傳播:細菌源頭位於身體遠端一處,可以來自口腔或皮膚破口,當中的細菌藉著血液流到骨骼能引起感染。例如牙齒感染的細菌能走到身體另一處的骨骼,引起細菌感染。
3. 就近身體部位感染:例如皮膚 / 傷口感染 (與第一點相似)

★關節感染

感染途徑與骨骼感染的原因類似,但除了上述提及的三種可能方式之外,還有第四個感染途徑,就是骨骼本已出現細菌感染,而由於該處正位於關節囊的範圍內,故一旦發生轉移,細菌就能進入關節。

長期病患者是受感染的高危人士,當中包括糖尿病、免疫系統疾病 (如類風濕關節炎或紅斑狼瘡)、慢性腎病患者,以及正服用免疫系統抑制藥物的人士身上。此外,靜脈注射毒品者,可能因毒品或使用的注射器不潔而受細菌感染。

後果嚴重莫忽視

急性骨骼感染可演變成慢性骨骼感染，後者的恐怖之處在於，細菌已破壞骨骼血液供應，以致部分骨骼壞死並成為細菌寄生的溫床，並於皮膚表面形成創口，長期分泌出膿液。另外，受細菌感染後，骨骼結構會被破壞引致骨折。如發生在兒童身上，可影響四肢發育引致變形或長短不一。

至於關節感染的後果嚴重性也不遑多讓。有文獻指，細菌進入關節 8 小時內，其釋放出的某種物質已能破壞軟骨，且其帶來之傷害無法逆轉。這種情況下，關節會變得緊繃、活動能力受影響、有機會令關節提早退化，甚至可能令關節融合，完全喪失活動幅度。第二，骨骼發育時末端的軟骨稱為骨骺（physis），這部分一旦受破壞，有機會引致骨骼變型、長短腳及影響骨骼日後發育。第三，某些關節如髖關節受感染後會含膿並於短時間內膨脹，如此一來會令血液供應變差，繼而引致骨枯（骨骼因失去供血而壞死）。

三大方案助診斷

關節與骨骼感染主要依靠臨床診斷、抽血化驗與影像掃瞄作診斷，但當中稍有不同。

★臨床診斷

- 關節感染：病徵因不同歲數而異。嬰兒關節感染的徵狀較不明顯，通常為發燒、脾氣暴躁、食慾不振或血壓、心跳之類的維生指數出現不穩。年紀大一點的孩子會表達出他們因疼痛而不欲活動關節。以常見的髖關節感染為例，他們會為了避免活動到髖關節而將腳縮起，令髖關節「骹位」彎曲。

成年患者可清晰表達關節活動困難及出現紅、腫、熱、痛。發紅與發熱徵狀在較表面的關節如膝關節、手腕關節與手肘關節中比較明顯，髖關節則不然。不同年齡的關節感染共通點，就是同樣會引起突發性高燒，但某些病人（如免疫系統較差的人士）卻未必會有明顯高燒。

急性與慢性關節感染的病徵基本上一樣，但一般來說慢性關節感染的病徵會持續較長時間，而且可能沒有急性感染般明顯。

- 骨骼感染：急性骨骼感染同樣有機會引致疼痛、發燒、疲倦、呆滯、受感染的軀幹不欲活動，外在表現亦同為紅、腫、熱、痛。慢性骨骼感染可致長期骨痛，皮膚表面亦可能出現創口並長期流出膿液。臨床診斷需結合病史分析，例如確認骨痛位置曾否骨折或進行過手術並鑲入金屬，這些皆可引致骨骼感染。

★ 抽血化驗

關節與骨骼感染的抽血化驗項目大同小異，無甚分別。主要透過檢查血液中的發炎指數與白血球指數反映出體內有否出現急性發炎。不過指數過高也不代表患者的關節或骨骼受感染，全因多種原因皆可引致發炎指數過高，例如痛風。正因如此，抽血結果只作參考，並須結合臨床診斷與其他檢查作診斷。

★ 影像掃描

- 關節感染：影像掃描檢查在感染性關節炎診斷當中，只佔一個很小的角色。大部分情況下，早期關節感染的唯一一蛛絲馬跡，僅為關節稍微變得腫脹，而這一點在 X 光造影檢查中極難察覺，故關節感染一般不會靠 X 光造影來診斷。

透過超聲波檢查，可檢查出關節內有否積水，如有積水可進行抽針，當中有三大目的。一、根據抽取出來的關節積液狀態，有助判斷關節是否受到細菌感染。二、抽針後可進行種菌化驗，確認感染之菌種（如有）。三、檢驗關節積液內含的白血球數量高低，能確認關節是否發炎。

- 骨骼感染：X 光造影檢查難以診斷急性骨骼感染，病情可能需要經過約 2 星期的發展，才會於 X 光造影檢查出現實質變化，其時唯一徵狀就只是骨質密度變低。至於慢性骨骼感染，X 光造影檢查能提供較多資訊以供診斷，例如不正常骨質增生甚至骨骼壞死，皆可從 X 光中顯示出來。

假如臨床檢查及抽血檢查顯示骨骼有機會受感染，但 X 光造影檢查並無異樣，有時會進行磁力共振（MRI）來觀察骨骼是否已受早期感染，以致出現發炎、水腫。磁力共振有時更能找出骨髓內含膿之處。

第四章：綜合骨科篇

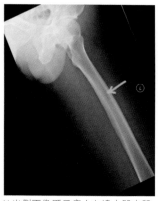

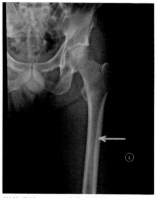

X 光側面像顯示病人左邊大腿皮質骨（cortical bone）受破壞。

從腹側（anterior）往背側（posterior）拍的 X 光片顯示病人左邊大腿皮質骨（cortical bone）受破壞。

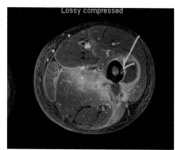

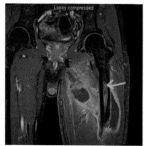

磁力共振軸切面（axial）顯示病人左邊大腿骨內以及周邊膿腫的訊號變化。

磁力共振冠切面（coronal）顯示病人左邊大腿骨內以及周邊膿腫的訊號變化。

關節感染勿單靠抗生素

總括而言，關節感染的治療主要為放膿及使用抗生素。具體而言，關節感染後須盡早進行微創或開放式手術來排走膿液或積水，以免軟骨遭受破壞。

另外，醫生通常會按照關節感染病人不同年齡層或某類菌種的感染高危來決定給予哪種抗生素。待抽取的膿液之化驗結果出爐，確認感染由哪些菌種引致，就能再調整使用的抗生素類型。頭幾星期使用抗生素時要用注射方式給予，待細菌感染的病情受控後才能轉為口服抗生素治療。

骨骼壞死須清創

在急性骨骼感染仍處於早期未含膿的情況下，可嘗試單用抗生素而不一定要配合手術，與關節感染的處理大為不同。若然病情進入中期，骨骼皮層或骨髓開始含膿，就必須進行手術排走膿液。

當骨骼組織因失去血液供應而壞死，代表情況已演變成慢性骨骼感染，其時必須進行手術清除壞死的組織(清創)並將周邊失去供血的骨骼一併移除。完成清創後，該部分骨骼往往有所缺損，因此有時需以不同方式來填補缺口，例如以自身骨頭植骨，或使用外固定支架讓骨骼癒合並重新接駁缺口。

不論是關節或骨骼感染，均須綜合病人整體情況來制定治療方針。病人若因細菌感染以致維生指數受影響，包括血壓上升、心速加快、整體血液循環出現問題，就須同時為病人補充水分並使用強心針。另一方面，疼痛管理同樣不容忽視，適當處方止痛物有助紓緩感染帶來之痛楚。活動太多會讓細菌感染較難痊癒，因此在急性感染的情況下，應適當固定患處(例如使用三角巾、石膏、支架等)一段時間，確保關節不會過度活動。

第五章：
手及手腕篇

香港大學李嘉誠醫學院
矯形及創傷外科學系
臨床副教授

葉永玉醫生

手腕麻痺竟是神經受壓？
解構腕管綜合症

第五章：手及手腕篇

腕管是手腕內一條狹窄通道,位置大約在拇指大魚際肌以下、手腕以上。腕管的底部是腕骨(俗稱波子骨),上面則覆蓋著腕環韌帶,腕管內有屈肌腱與正中神經。不論是環腕韌帶或腕骨,均是較硬的組織。

若因任何原因以致腕管壓力增加,腕管內的肌腱過度磨擦,均可引起輕度發炎,使腕管變得腫脹,並壓到正中神經引致腕管綜合症。

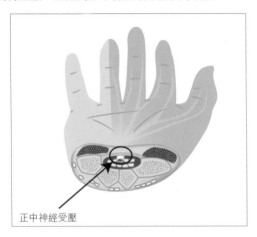

正中神經受壓

神經受壓影響大

正中神經負責支配拇指、食指、中指及一半無名指的感覺,以及控制拇指大魚際肌的活動。當正中神經受壓或受刺激後,訊息會傳至大腦,引起如同火燒的神經痛與神經麻痺感覺,當中尤以麻痺最為常見,而上述三隻半手指的感覺也會變差。

腕管綜合症的初期,病人只會在手腕屈曲或伸展過度時才有病徵,但當情況加劇時,可能早晚都會出現麻痺。病人在早上經常進行手部活動時未必會察覺病徵,但到晚上才出現明顯麻痺。若果神經被擠壓至壞死,手部更會變得冷熱不分甚至完全喪失感覺。

此外,大魚際肌有對掌的作用,即讓拇指可觸碰到食指、中指、無名指與尾指,正中神經受壓可使大魚際肌的肌力變弱,進行上述動作便變得困難。大魚際肌乏力會無法握筆、寫字,也無法進行精細動作如扣鈕扣。

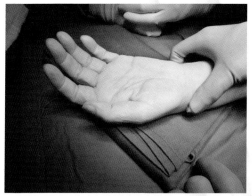

正中神經受壓可使大魚際肌的肌力變弱，無法握筆、寫字或進行精細動作如扣鈕。

高危人士要小心

約九成的腕管綜合症致病成因皆為勞損，求診人士多數為中年女性，這些女性須經常做家務以及新陳代謝已減慢，勞損故可使其傷及正中神經。另一類患病高危者，因職業需要而須經常進行手腕重覆動作的人士。致病原因還有以下可能，但情況較少見：

- 類風濕關節炎或其他發炎性關節炎
- 妊娠期水腫
- 腕骨骨折、移位，或內有水瘤、脂肪瘤、不正常血管
- 因腎病而不正常地積聚蛋白質
- 甲狀腺素過低

保守療法紓緩病徵

腕管綜合症的診斷，除了會按照患者的病歷與病徵之外，同樣會檢查腕管內的神經傳遞速度有否減慢，藉此判斷神經線有否壞死以及病情嚴重程度，亦會測試大魚際肌的肌力，以及屈曲神經線確認有否使麻痺加劇等等。

確診腕管綜合症後，患者如果只出現麻痺病徵，而沒有出現神經壞死的話，建議先嘗試保守治療，看看成效如何。具體建議包括：

- 減少進行重覆動作的時間
- 多進行伸展運動
- 佩戴手托保持手腕維持在正常角度，以免壓到神經
- 使用消炎止痛藥
- 進行物理治療，例如以超聲波治療來減輕痛楚

若使用上述方法後病徵仍未有紓緩，或求診時病情已屬嚴重程度例如神經叢已壞死、肌力變弱，或須考慮手術方案。

類固醇注射？

藥物治療方面，類固醇注射是一個較不太建議使用的方法，因用針刺下去肌肉內，始終有機會傷及正中神經。若本身有感染，吸收過量類固醇可打亂體內的荷爾蒙平衡。另外神經受擠壓的話，類固醇助減低炎症，但當藥效過後，病徵可能又會再次出現。

如能確認腕管綜合症並非由勞損所致，而能找出實際成因，可針對個別成因加以處理。以類風濕關節炎為例，由於患者會有滑膜發炎或腫脹，可以透過藥物治療來紓緩發炎狀況以改善腕管綜合症的病徵，亦可能以手術清除滑膜組織，具體治療方案就視乎病情嚴重性而定。

手術鬆解腕管壓力

正中神經屬周圍神經叢，即使壞死後也有再生能力，只要進行手術鬆解，感覺神經與活動神經通常都能恢復。然而當確診時病情已無法逆轉，即肌肉組織已完全萎縮，神經線即使再生，肌肉也無法恢復功能，就需要在鬆解手術之餘配合肌腱轉移手術。

- 腕管鬆解術：腕管綜合症的手術治療，主要針對環腕韌帶進行鬆解。由於環腕韌帶的下方為正中神經，故只要將韌帶切斷，正中神經的上方就不會再受擠壓，神經線才有機會再生。

如果手術能完全切開環腕韌帶，術後復發機會很低，但若環腕韌帶未完全切開，鬆解得不夠，令纖維化組織增生，將會重新壓到正中神經，再次引起麻痺或影響活動神經。腕管鬆解術可透過以下兩種方式進行：

1. 傳統開放式手術：直接於手腕位置開刀，切開表皮及皮下組織，並切斷腕環韌帶。較能看清楚神經線並將其完全鬆解，甚少復發。此類手術後增生的纖維化組織通常較薄，未必足以再次壓到神經。

2. 內窺鏡手術：於手腕劃開多於一道小切口，放入內窺鏡及手術器具放入並切開腕環韌帶，但過程中有可能碰到神經線。

- 肌腱轉移手術：肌腱轉移手術的原理，是將身體另一條不用的肌肉轉移去大魚際肌，讓患者重新擁有對掌功能，恢復肌力。

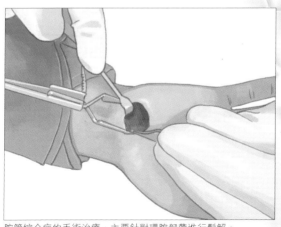

腕管綜合症的手術治療，主要針對環腕韌帶進行鬆解。

術後復發怎麼辦？

雖說手術後復發的可能性很低，但若不幸復發，能再做一次手術嗎？事實上，術後如有復發跡象，必須找出復發原因才能決定下一步處理。

若術後手部活動能力再次變差，有可能是頸椎神經問題、周圍神經病變或肌肉問題所致，其時就需要重新詢問病史及進行相關檢查。如察覺問題由其他成因所致如糖尿病，即使再進行手術也無助解決根本問題，正確的處理方法反而應該做好糖尿病控制，以免因血糖過高而損害神經。

如果病史及檢查結果顯示患者術後復發確實由於腕管的正中神經再次受壓所致，便須檢視原因到底是之前的手術處理不理想，抑或纖維化組織再生以致擠壓到神經，並重新進行手術完全清除壓住神經線的所有組織。

如何預防腕管綜合症

絕大部分腕管綜合症個案皆由勞損引起，故預防可從減低手腕勞損的方面著手：

● 如果手腕經常進行重覆性動作如：清洗、抹擦、拖地、扭毛巾、打字等，須間歇休息一會，例如每工作半至一小時，休息 1、2 分鐘進行伸展動作放鬆肌腱，以免神經線處於不正常狀態，使其血液供應長期不足而逐漸壞死。

● 若因工作性質關係無法避免重覆性動作，應安排每星期至少一日休息日讓手腕放鬆並進行運動強化身體，尤其針對伸肌腱與屈肌腱進行鍛煉：

1. 伸肌腱訓練：伸直手指，將手腕朝身體方向向上屈並維持 30 秒，能將伸肌腱盡量拉長。其時神經線與周圍組織也會因此而放鬆，如此便能減低不正常姿勢，改善血液循環。

2. 屈肌腱訓練：原理與伸肌腱訓練相同，伸直手指，將手腕朝身體方向向下屈並維持 30 秒即可。

香港大學李嘉誠醫學院
矯形及創傷外科學系
臨床副教授

葉永玉醫生

合掌困難 手指難發力
手部關節退化？

第五章：手及手腕篇

句句有骨

手部有多個關節每日不斷重覆活動，如同機器一樣用久了也有磨損。當關節隨著退化而發炎，將引致手部骨關節炎。年齡與勞損是手部骨關節炎的主要成因。若不希望手部關節發展至變形，就得及早留神自己的用手習慣是否正確，病徵有否出現！

關節結構

手部有多個關節，包括：腕掌關節連接手腕與手掌、掌指關節連接手掌與手指、除拇指之外每隻手指均有兩個指間關節，分別為近端指間關節與遠端指間關節。

每個關節皆由關節骨、軟骨、韌帶與滑膜組成。關節外圍由不同韌帶包圍，有助穩定關節，而關節骨的表面為關節面，關節面之上為關節軟骨，其表面光滑，利於關節活動。此外，關節的活動順暢也有賴滑膜囊的「協助」，滑膜囊內裡充滿著滑膜液，如同關節的潤滑劑，會為關節周圍的骨骼、肌腱與肌肉之間提供緩衝。

認識兩類關節炎

關節發炎時，滑膜囊會充血，於是比平常分泌更多滑膜液，使關節出現紅腫及痛楚。關節炎主要分兩大類，第一類為退化性關節炎，亦即骨關節炎（Hand Osteoarthritis），主要由於年紀大或關節磨損所致；第二類為發炎性關節炎如類風濕關節炎，由身體免疫系統失調所致。

隨著年齡增加，退化無可避免。軟骨除了會因頻繁活動而出現磨蝕之外，軟骨的成分也會變得脆弱及更容易斷裂，引起發炎。發生在手部的關節炎個案中，約八、九成皆屬退化問題。

關節發炎時，滑膜囊會充血，使關節出現紅腫及痛楚。

手部變形疼痛 能力大減

最常見出現手部骨關節炎的位置，為遠端指間關節（即手指末端）以及腕掌關節。患處會長出骨刺，從外觀看起來關節會變得腫脹，手部活動幅度也會因而減低。如果同一隻手指的近端及遠端指間關節同時發炎，患者甚至可能連拳頭都合不上，手指碰不到手掌將會大為降低手指力量，連提取物件也會受到影響。

大魚際肌控制拇指進行微小動作，當腕掌關節退化發炎及疼痛，拇指將難以發力，無法如常做出對掌動作，手部的整體活動功能就會因而減低。

軟骨出現磨蝕後，失去軟骨作緩衝的關節骨與關節骨會互相碰撞引發疼痛，並發出「卡卡」聲。當軟骨的兩端磨蝕程度不一，手指就會向一邊傾側，因而衍生出手指關節變形。如果多於一個關節變形，手部的整體形態也會因而變形，情況常見於長者。

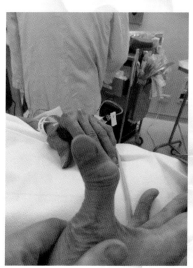

當軟骨的兩端磨蝕程度不一，手指就會向一邊傾側，因而衍生出手指關節變形。

X 光檢查確認變形

當關節出現問題，從 X 光中顯示的表徵相當明顯，因此透過 X 光檢查，基本上已能確診並無須配合其他影像診斷。當中可作判斷的兩大準則包括：

1. 因軟骨磨蝕故關節間的距離縮短
2. 軟骨下的骨頭會硬化、生出水瘤或骨刺

保守治療

如果患者痛楚程度不算嚴重，勉強能夠合掌，就建議先採取保守治療，包括：

- 適當休息
- 佩戴手托矯正變形關節
- 進行伸展運動
- 指導患者如何保護關節，減少勞損

如果完成上述治療後情況卻加劇，患處出現劇烈疼痛時，可適當使用消炎止痛藥來紓緩疼痛與急性發炎。由於手部關節較細小，只能注射少量透明質酸作潤滑，而且效果並非太顯著。另外，關節細小容易在注射類固醇的過程中破壞到軟骨，因此手部骨關節炎患者較不建議接受此類治療。

融合手術與人工關節

當病人採用過保守治療，並連服用止痛藥也無效時，建議進行手術紓緩痛楚並改善整體手部功能。手部骨關節炎的手術主要分兩種，遠端指間關節退化較適合進行融合手術，近端指間關節退化則較適合更換人工關節以便進行握拳動作。

- 融合手術：手術原理是將活動幅度已變小的指間關節鑲緊、融合，讓變形關節得以矯正。首先須將軟骨已磨蝕的關節面清除、打磨，再利用螺絲、鋼針或鐵線圈等工具將兩塊骨釘合。其中，髓內螺絲植入後可以不必拆除，在皮膚外觸摸不到，故患者不必擔心手術後有金屬物突出皮膚，加上此類螺絲可以加壓，因此比較穩固。剛完成手術之後須讓患者佩戴一個小手托稍作保護，待兩星期後拆線，已能如常運用手部。

由於關節已經融合，因此關節骨不會再因互相碰撞而痛。雖然融合後的關節活動幅度會消失，但手部因為能夠發力故活動能力得到改善。適用於食指與中指。

- 更換人工關節：當關節面退化，軟骨已磨蝕，可透過開刀來清除舊有受損關節軟骨，之後再換上人工關節，以便讓關節恢復活動功能。

就中國人的數據而言，近端指間關節的退化，往往少於遠端指間關節，因此需要更換人工關節的病人並不多。現在暫時未有太多文獻記載人工關節的療效，不肯定會否帶來良好的長遠效果，加上人工關節有其壽命，故病人對此類手術可能會抱有較多憂慮。正因如此，病人往往傾向使用自身關節，直到痛楚出現，才考慮更換人工關節，建議與醫生商討合適治療方案。

做好保健 減慢手部關節退化

關節隨年齡增長而出現的退化是自然現象，無人能倖免。至於因過勞或軟骨經常受壓以致關節快速退化的情況，並非沒有方法預防。

● 避免「啪手指」：軟骨本來有彈性，用力折屈手指使其活動角度超過正常幅度並出現「啪」一聲的話，軟骨與軟骨相互磨擦，造成勞損。

● 避免經常提取重物：此舉會使手部關節受壓及引致勞損，應盡量減少，又或佩戴手指套以免關節過度受壓。

● 預防受傷：關節如出現損傷（如骨折），將會加劇關節退化的進程，因此平日進行關節活動時應避免過度使用，亦應盡量小心，避免受傷。

當關節出現疼痛或突起物時，建議及早就診由醫生確認病因，如有需要將轉介予其他專業人士如職業治療師為病人度身訂造手托，並及早教導如何正確使用關節預防手部關節過度勞損。當關節已經出現變形時才進行職業治療，即使矯正也難以使其百分百回復原狀，其時只能透過手術來進行矯正。

第五章：手及手腕篇

香港大學李嘉誠醫學院
矯形及創傷外科學系
名譽臨床助理教授

霍奐雯醫生

手部活動不靈活 肌腱發炎警號？

刷牙、梳頭、更衣、收拾出門物品、鎖好門窗……一雙巧手，從我們每日醒來後就一直工作，事無大小都有賴它為我們辦好。不難想像，若有朝一日手部活動變得不靈活時，會對日常生活造成何其巨大的影響。

手腕關節變緊，手指活動卡住卡住，可能代表你的手部肌腱已響起發炎警號。三類最常見的手部肌腱炎包括：媽媽手、尺側伸腕肌腱鞘炎與彈弓指，到底能否破解？

肌腱變厚問題大

骨骼與肌肉由肌腱組織連結，腱鞘則是包圍肌腱的管狀結構，能限制肌腱在固定的管道內滑動，亦能使肌腱滑動更順暢。當肌腱或腱鞘發炎時會變厚，肌腱的滑動就會被窒礙，活動變得不順暢，引發肌腱炎。

身體不同部分可做出的動作技能 (Motor skill) 都不同，以準繩度作區分的話，腳主要擁有粗大動作技能（Gross Motor skills），比較講求穩定性，手部則擁有精細動作技能（Fine Motor skills），能以小肌肉精準地做出細緻靈活的動作，如寫字、拉拉鍊，故較易出現勞損。以下為三類最常見的手部肌腱炎：

不是母親也有「媽媽手」

狄奎凡氏症 (De Quervain's syndrome)，正式學名為「狹窄性腱鞘炎」，因常見於懷孕女性與新手媽媽，故又稱為「媽媽手」。此症發生在拇指下橈骨側邊附近位置，主要涉及外展拇長肌（Abductor pollicis longus）與伸拇短肌（Extensor pollicis brevis）發炎。

反覆伸展或屈曲拇指，以及過度使用手腕為致病成因。患者的拇指活動時會出現疼痛，手腕亦會感到緊繃無力，嚴重可影響拇指活動功能，無法做出細微動作。此症通常由長期勞損所致，高危人士包括：

- 懷孕女性與新手媽媽：有研究發現懷孕或生育後的女性較易患上狹窄性腱鞘炎，相信與她們的荷爾蒙變化有關，但未能了解箇中機制。另一個原因，是新手媽媽經常張開虎口托抱嬰兒，久而久之令兩條肌腱肌過度勞損。

125

- 經常使用滑鼠人士：因工作需要而每日使用滑鼠的人士要小心。拇指及手腕長時間維持同一姿勢，本來已經需要運用到多條肌腱，若再加上滑鼠體積過大或過小，更會令拇指及手腕施力不當，長期如此容易令相關肌腱勞損。

- 經常使用智能產品人士：使用手提電話或平板電腦等智能產品時，會經常屈曲及伸展拇指，加速勞損。

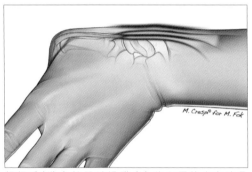

媽媽手（狹窄性肌腱滑膜炎）的主要檢查方法是 Finkelstein 測試，即將大拇指作內收及向小指側屈曲，拇短伸肌 (Extensor Pollicis Brevis) 及拇長展肌（Abductor Pollicis Longus）磨擦會令痛楚加劇。（版權由霍奐雯醫生所有）

尺側伸腕肌肌腱炎

第二類較常見的手部肌腱炎，是位於尺骨以上尾指以下的尺側伸腕肌（Extensor carpi ulnaris）發炎。這組肌腱可控制手腕伸直並固定手腕旋轉的動作。病發時手腕旋轉的動作如扭毛巾、開罐頭、開樽蓋時，都會屈伸不順暢，並出現痛楚。

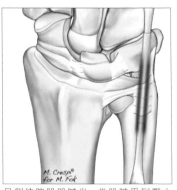

尺側伸腕肌肌腱炎：當肌腱受到壓力時，手腕尺側位置會感到痛楚。（版權由霍奐雯醫生所有）

經常使用網球拍的運動員，以及時常手握工具工作的工人，因要維持握緊拳頭的動作，相關肌腱便會長時間鎖緊發力，最後引起勞損。

屈伸不順的「彈弓指」

與上述兩種手腕肌腱炎不同，屈指肌腱鞘炎是發生於手指的肌腱炎，涉及屈指肌（Flexor digitorum）。因手指彈開的形態像彈弓，故此症又稱為「彈弓指」（trigger finger）或「板機指」。

彈弓指可發生在任何一隻手指上，但最常見於第四隻指（無名指）。典型病徵包括手指於屈曲或伸直時會感到疼痛及不暢順，像被卡住一樣。嚴重時手指完全無法屈曲或伸直，惡化下去會使關節變得僵硬。當病人的一隻手指出現屈指肌腱鞘炎，其他手指也可能面對同樣問題，而且病人也會有較大機會出現手腕勞損並患手腕肌腱炎。

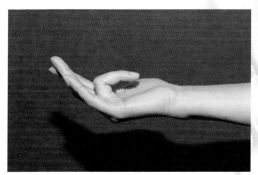

彈弓指：留意到中指在屈曲後不能伸直。（版權由霍奐雯醫生所有）

此症無特定好發人群，不論是家庭主婦、普通文員、勞動工作者也有可能發生。不過根據文獻記載，糖尿病人與腕管綜合症患者會較易患此症，相信與這些人士的筋膜（肌腱）與腱鞘較易變厚有關。

不同階段的處理手法

手部肌腱炎的初期，病人會感到手部患處無力及疼痛。但愈是減少手部活動，肌肉愈是萎縮，加劇手部無力，患處亦會變得僵硬。若沒得到及時治療，日後即使進行手術消除病因，僵硬緊繃的關節可能需要進行長時間物理治療才能鬆解並回復正常。

正確處理三部曲：	病徵	治療
第一階段	患處疼痛無力	病發初期宜多加休息，服用止痛藥，戴上手托，紓緩病徵並阻止病情惡化。
第二階段	疼痛減輕，肌肉僵硬	此階段宜進行保守治療，如情況改善可進行鍛煉運動。
第三階段	患處嚴重僵硬，幾乎完全喪失活動能力	進行手術鬆解，術後配合物理治療與職業治療復康。

保守治療有何選擇？

在非急性期適用的保守治療包括物理治療與職業治療，雙管齊下。

物理治療

- 超聲波治療：有助減輕發炎徵狀。
- 衝擊波治療：可助鬆馳肌腱炎初期變得僵硬拉緊的肌肉。
- 運動貼布：限制患處活動，貼布張力亦有助紓緩痛楚。
- 進行鍛煉運動：包括拉筋與進行肌肉強化運動，有助減低手部肌腱再勞損或磨擦的可能。

職業治療

- 使用手托：不鼓勵病人完全停止活動患處，而使用手托可避免因過度牽動患處而痛，同時保持有限度的活動幅度。
- 生活改善：職業治療師會先了解病因，並根據病人職業性質提供改善建議。例如病人的手部肌腱炎乃因滑鼠太大才令引起拇指及手腕施力不當，職業治療師可能建議他更換一個適合病人手部尺寸的滑鼠。如病人以錯誤方法擠母乳才引起勞損，則教導她們正確的擠母乳的方法，諸如此類。

什麼情況須動刀？

當病人出現急性痛，醫生會先處方口服消炎止痛藥物，再配合保守治療。若這樣仍無法歇止痛楚，有時可按情況於患處注射低劑量類固醇，既能直達痛處減少全身吸收，亦因注射份量低而減少引起副作用的可能性。此外，

注射低劑量類固醇須配合麻醉藥使用，同時達消炎止痛之效，起效會較口服消炎止痛藥快一點。

當試過所有保守治療均無效，或病人求醫時情況已非常嚴重（例如病情已進入第三階段），就只剩手術一途。以嚴重彈弓手為例，病人的手指幾乎無法屈曲或伸直，故會因痛而不願進行物理治療，必須以手術鬆解開緊繃的腱肌，並於麻醉後進行徒手矯正（MUA）鬆開關節，術後方能再進行物理治療。

手術原理拆解

手部肌腱炎因肌腱與腱鞘增厚所致，故手術須將腱鞘稍為切開，當這個管道不再緊密包覆肌腱，肌腱就能重新順暢活動。此外，周邊發炎的滑膜組織可能需要一併清除。術後初期，手部活動可能未完全恢復，但只要進行復健一段時間，通常就能回復正常活動能力。

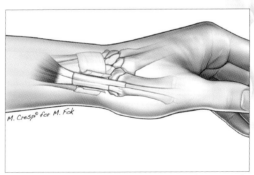

M. Cresp© for M. Fok

手術鬆解：鬆開因發炎而繃緊的兩條肌腱。（版權由霍奐雯醫生所有）

保健小貼士
- 避免手部活動過勞，保持適當休息
- 選擇合適大小的滑鼠
- 多拉筋，改善肌腱柔軟度
- 多做運動，強化肌腱

第五章：手及手腕篇

骨科專科醫生

陳思欣醫生

手部骨折

手部骨折通常在甚麼時候發生？

- 在跌倒的時候手部著地
- 在失去平衡時，我們試圖伸出手抓住東西，因而令手部受傷
- 手部受到直接撞擊所致

高風險人士包括：

1. 參與高衝擊運動 —— 例如滑雪、滑板、美式足球、曲棍球、足球、籃球
2. 長者 —— 隨着年紀增長，長者的平衡力和肌肉的力量減弱，他們會比較容易跌倒。他們也較高機會有骨質疏鬆症，增加骨折風險。

病徵：

- 嚴重疼痛，特別在緊握、移動或擠壓手部的時候
- 手部腫脹
- 皮下出現瘀血
- 手指變形彎曲
- 手指僵硬或無法移動
- 手部知覺麻木

如果懷疑手部骨折，應盡快求診，接受醫生診治。適當和及時地治療手部骨折可減低後遺症的出現。否則，骨頭可能無法正確復位和癒合，而對手部功能造成永久影響，包括寫字、扣鈕扣、用筷子等等。

不適當治療手部骨折可能出現的後遺症：

- 創傷後的退化性關節炎

  伸延到關節面的骨折比較高危。如果骨折延伸到關節面而沒有得到適當復位，長期不平滑的關節面摩擦會令軟骨受損，大大增加創傷後退化性關節炎的機會。

- 關節僵硬，失去手部靈活性

  專業而全面的復康計劃可減少關節僵硬的後遺症。物理治療師與職業治療師在這方面的角色非常重要。

診斷與治療的流程：

1. 醫生檢查

除了以上列出的病徵外，醫生一般會檢查患者有沒有傷口，並排除神經線或血管受傷的可能。如果是開放性骨折，或伴隨神經/血管受傷，患者有可能需要接受緊急手術。

2. 醫學影像反映骨折情況

X 光是一項快捷簡單的醫學影像工具，只有少部份手部骨折需要電腦掃描或磁力共振檢查。

3. 決定治療方案

- 非手術治療：

  簡單及未位移的骨折、或者閉合性手法復位後穩定性高的骨折，可以選擇非手術治療。通常只需要使用手托固定 4-6 星期，等待骨折癒合便可。

- 手術治療：

  開放性或閉合性骨折手法復位位置不佳者，應考慮手術進行開放性復位內固定。固定的方法有很多，手術醫生會因個別情況選擇不同的方法。常用的方法包括克氏針、醫學金屬板或螺絲釘固定。

4. 復康護理

復康護理的範疇很廣泛，包括減低痛楚、消除水腫、傷口及疤痕處理、適時適量的手部運動等等。醫生和治療師還會按照病人的生活和職業需要而設計個別的復康療程。

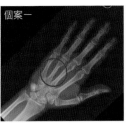
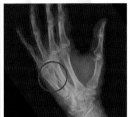

右手第四掌骨骨折（如紅圈所示）

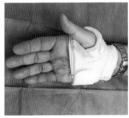
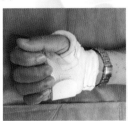

非手術治療 - 佩戴手托固定骨折

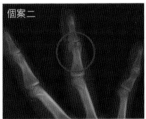
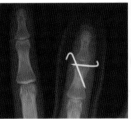

左手無名指中節指骨骨折
（如紅圈所示）

手術治療 ─ 閉合性手法復
位及克氏針固定

骨折癒合理想

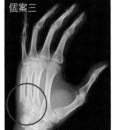
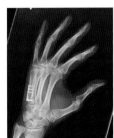

右手第五掌骨骨折
（如紅圈所示）

手術治療 ─ 採用了開放性復位及金屬螺絲及金屬
板固定

第五章：手及手腕篇

句句有骨

第六章：

足部篇

何彤欣醫生

香港大學李嘉誠醫學院
矯形及創傷外科學系
名譽臨床導師

拇趾變形 疼痛難當
小心拇趾外翻找上你！

吳嘉豪醫生

香港大學李嘉誠醫學院
矯形及創傷外科學系
名譽臨床副教授

脫下鞋子，外彎的拇趾大大影響外觀，叫人尷尬難當之餘還伴隨陣陣痛楚……可知大部分拇趾外翻個案皆由遺傳引致？別以為問題單單影響拇趾，情況惡化的話，就連其他腳趾、腳跟乃至身體其他部位也有可能受累。

拇趾外翻 牽連甚廣

本來，拇趾的趾骨與蹠骨應成一直線，但當趾骨與蹠骨之間的關節出現問題，便會引致拇趾向外拗變形，並經常伴隨其他腳趾變形，此為拇趾外翻。其時，拇趾趾骨會向外翻，蹠骨則內翻變形，使兩者角度變大，引起拇趾滑液囊炎（Bunion）。拇趾滑液囊炎初時會因突起處與鞋子反覆磨擦而痛，趾蹠關節變形更可隨時間過去發展成關節退化，成為病情後期的痛楚成因。

另一方面，走路時本由五隻趾骨平均受力，但拇趾外翻會使壓力由拇指轉移至第二趾，甚至順延至第三、四與尾趾，令腳掌受力分佈不勻。長此下去，其他腳趾會變形成抓地形態來改善腳掌受力問題，引伸其他足部問題。

高危因素與加劇因素

拇趾外翻由多重成因引致，包括遺傳、性別、病理與結構成因等。

- 遺傳：70% 拇趾外翻患者皆有家族史。
- 女性：男女患病比例約為 1：9，可見女性有較高患病傾向，相信與男女韌帶結構的差異有關。
- 患有炎症關節疾病，例如類風濕性關節炎：關節發炎是引致足部變形的潛在成因。
- 韌帶過度鬆弛
- 經常負重
- 經常穿著高跟鞋及窄腳鞋：此舉會使足部擠壓成拇趾外翻形態。高跟鞋的設計更會讓穿著者的前掌關節受力過重，久而久之使關節膜牽引過大，造成關節變形。
- 經常穿鞋：即使不是穿著高跟鞋或窄腳鞋，也會使足部受鞋子形狀所規範。

臨床診斷

不必進行造影檢查，拇趾外翻可透過臨床狀況來診斷。與拇趾外翻相關的足部問題眾多，因此醫生在臨床檢查中會仔細檢查病人前足、中足、後足的變形情況以助診斷。當中包括：

- 第二、三、四趾變形
- 腳跟向內傾
- 扁平足
- 腳底某些位置，例如尾趾底部及拇趾與第二趾重疊的位置，會較易生繭
- 拇趾外翻的關節可能變得僵硬、腫脹、疼痛

只有在病情嚴重到需以手術治理時，才須進行 X 光掃描檢查來檢視足部變形程度及關節有否退化，以助判斷病人如何進行手術並制定合適手術方案。

拇趾外翻的保守治療

要減低拇趾外翻出現的機會，或者只是輕微的拇趾外翻變形，並不涉及其他腳趾，未帶來太大生活或功能上的變化，皆適合先嘗試保守治療：

改變穿鞋習慣

- 穿著尺寸及形狀合適的鞋子
- 避免穿著高跟鞋、窄頭鞋或過緊的鞋子（圖一）
- 透過鞋墊將拇趾墊高，讓其不致因變形而擠壓過大
- 扁平足病人可穿著針對改善扁平足，能承托足弓的特製鞋墊，減低腳趾承受的重量

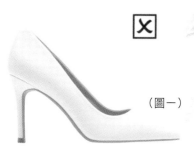

（圖一）

適量運動

- 進行適量運動一來能增加腳趾關節柔軟度，二來可改善韌帶過度鬆馳的問題並強化腳趾關節韌帶，有助避免腳趾僵硬變形，痛楚亦得以減輕。

腳趾托有用嗎？

有指將腳趾托放於拇趾及第二隻腳趾之間有助矯正拇趾外翻，但不鼓勵此方法。拇趾外翻會同時擠壓到其他腳趾，故放置腳趾托於拇趾與第二趾之間反而會令第二趾出現變形。

紓緩痛楚有辦法

除了保守治療之外，服用由醫生處方的消炎止痛藥物亦有助緩解痛楚，但不適用於肝腎功能有問題之病人，另外亦需找出造成拇趾外翻的成因進行處理。

足部保健是預防拇趾外翻及緩痛的重要一環。進行特定運動來強化足部小肌肉，有助提升足部整體健康，不易受外在因素影響以致變形。

★ 運動一：
雙腳站立，將腳跟向上提（踮腳）並維持 5-10 秒，放下腳跟並讓兩腳完全貼地，這樣為一組動作。建議早晚合共進行 20 組動作。（圖二）

★ 運動二：
雙腳站立，腳掌平放貼地，將所有腳趾向上提並維持 5-10 秒，放鬆腳趾讓兩腳完全貼地，這樣為一組動作。建議早晚合共進行 20 組動作。（圖三）

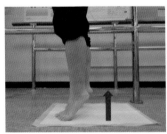 

圖二：腳跟向上提　　　　圖三：腳趾向上提

★ **運動三 ── 被動拉筋（Passive Stretching）：**

用手將腳趾朝腳趾甲方向往前拉，有助減低關節內的擠壓以及紓緩疼痛。
這樣為一組動作。建議早晚合共進行 20 組動作。（圖四）

圖四：朝腳趾甲方向往前拉　　圖五：不可橫向拉筋

* 常見誤解：不少人以為將腳趾橫向拉筋可改善外翻問題，其實不然，此舉
　　　　　　反而使拇趾滑液囊炎（Bunion）突出的形態加劇。（圖五）

★ **運動四 ── 腳跟伸展：**

平躺身體，將腳踝關節向上屈，即是將腳背朝身體方向拉，此舉能將腳後
跟的筋腱拉鬆。

拇趾外翻發展下去引伸的其他足部問題：

1. 腳掌承受的壓力增加，腳掌疼痛之餘還會生出厚繭。
2. 當拇趾以外的腳趾嚴重變形到一個程度，就會互相連疊，腳趾之間會痛
   之餘，趾頭也會受鞋子壓逼而產生疼痛。
3. 病人為減輕足部痛楚會調整步姿。有人會傾側腳跟走路，令腳掌底部力
   量分布不均的情況加劇，而不當步姿更可使腳跟、膝部、髖部、腰椎等
   其他關節負荷過重，並受牽連而疼痛變形。

上述的連串問題，全部皆為拇趾外翻相關連之變形。由此可見，拇趾外翻
不單單是拇趾變形的問題，同時對足部結構及功能帶來巨大影響。

139　第六章：足部篇

手術如何做？

當保守治療無效，病人仍感痛楚，且病情已影響其日常生活，例如因足部變形而無法買到合穿的鞋子，醫生會就病人情況與其討論需否進行手術。具體而言，拇趾外翻的手術大致分為以下幾類，通常視乎需要合併不同方法進行：

1. 軟組織（韌帶）矯形手術（soft tissue reconstruction）：正常情況下，趾蹠關節角度原應呈直線，但拇趾外翻時，趾骨外翻且蹠骨內翻。軟組織（韌帶）矯形手術會拉緊趾蹠關節外緣韌帶，並鬆解開趾蹠關節內側韌帶，藉此糾正及拉直趾蹠關節之間的角度。此步驟一般會合併其他步驟進行。

2. 截骨手術（osteotomy）：醫生會因應個別情況，預先準確計算好截骨角度，然後以截骨方法將病人內傾的蹠骨重新擺放到正常位置，期間要放入螺釘。進行截骨之後，須配合軟組織矯形手術將韌帶拉緊。

截骨手術（osteotomy）

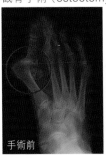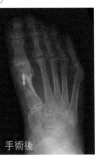

手術前　　　　手術後

3. 關節融合手術（fusion）：嚴重的拇趾外翻會使趾蹠關節退化，在這種情況下，即使將關節糾正成正常形態，關節仍會因發炎而疼痛，故不得不將趾蹠關節融合。此法可能需要配合截骨手術進行。

即使完成手術，拇趾外翻仍有復發的可能，視乎病人患病成因以及有否對成因進行處理。且舉一例，如果病人術後仍保持不良穿鞋習慣，經常穿著窄身高跟鞋，拇趾外翻絕對可以捲土重來，因此改善生活習慣及強化足部肌肉絕對不容忽視。

香港大學李嘉誠醫學院
矯形及創傷外科學系
名譽臨床導師

何彤欣醫生

腳掌無故痛楚
或患足底筋膜炎

香港大學李嘉誠醫學院
矯形及創傷外科學系
名譽臨床副教授

吳嘉豪醫生

陳先生最近每天起床後，腳掌後部就開始疼痛，不過休息一會或多走一段時間，腳底痛楚又會消失⋯⋯以為腳痛只是閒事，痛楚消失就沒事？上述徵狀可能代表他的足底筋膜已經發炎。

創傷勞損傷筋膜

骨科門診病症當中，足底筋膜炎的個案約佔 1-2%，並非少數。引致足底筋膜炎的成因包括由慢性勞損引致足底筋膜微小撕裂，以及重複性創傷引致。常見於肥胖人士、足踝背屈（ankle dorsiflexion）角度減少的病人、高弓足病人、經常進行高承重耐力活動（high weight bearing endurance activity）如跳舞或長跑人士。

足底筋膜炎的初期徵狀並不明顯，大部分病人只是發現腳掌後部無端疼痛。其他徵狀包括：用手觸及足底筋膜與腳後掌位置時感痛楚、足踝背屈受影響（腳掌向上屈曲變得困難）、早上起床時腳後掌疼痛較嚴重，下床步行一段時間後痛楚會紓緩，過了中午痛楚再現。

足弓與足底筋膜

足弓一般指內側縱足弓，是腳掌呈現弧度的部分。足弓呈拱形有助分散重量，使走路時步態穩定，而它的形狀會隨著步態周期（gait cycle）而改變：當腳後掌觸地時，弓形較高，而隨著腳掌觸地及體重壓下，弓形會變得相對平坦，另外踮高腳時弓形又會變高。骨骼原來的形狀、肌肉與足底筋膜，均對支撐與維持足弓形狀息息相關。

足底筋膜是一層很薄的彈性纖維組織，由足弓末端伸延至到足弓另一末端。換言之，每走一步，足底筋膜都會受到足弓高度變化所牽引。人們如果長期步行，足底筋膜與腳跟骨相連之處，就會因足弓過度牽引以致發炎，這種情況正是足底筋膜炎（Plantar fasciitis）。

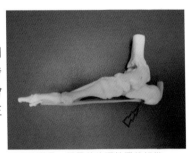

足底筋膜是一層很薄的彈性纖維組織

典型徵狀助斷症

由於足底筋膜位於腳踝內深層之處，而皮膚與足底筋膜之間有腳底脂肪墊（heel pad），臨床觸診確實難以摸到足底筋膜。然而由於足底筋膜炎徵狀特殊，病人早上起床時腳後掌疼痛，步行一會後痛楚會紓緩，之後又會痛，故要診斷並不難。

鑑別診斷（Differential diagnosis）

腳底與腳踝內側有不少軟組織、神經與骨骼，如果病人單單出現腳掌痛病徵，可以由眾多原因所致，例如：

- 脛後肌腱失能（posterior tibial tendon dysfunction）
- 踝管症候群（Tarsal tunnel syndrome）
- 腳底脂肪墊發炎以致足部如同失去氣墊一樣而引起疼痛
- 腳跟因重複性創傷而出現壓力性骨折

要診斷病徵是否由足底筋膜炎引起，醫生需要進行鑑別診斷，排除上述提及到的可能性。一般而言，通過詢問病歷及進行臨床檢查，已經可以初步診斷病人是否患足底筋膜炎。例如骨骼有輕微斷裂，可按壓骨骼來診斷。如果是由於神經線疾病以致腳底痛，可檢查神經線是否受創，包括測試皮膚與肌肉感覺有否受影響，如此類推。

* 常見誤解 1

1. 診斷足底筋膜炎並不須使用 X 光與磁力共振（MRI），此類影像掃描乃為協助排除腳掌痛的其他成因。
2. 不少病人誤以為跟骨骨刺是引致痛楚的根源，只要將骨刺切除就能解決腳後掌痛的問題。其實足底筋膜發炎就是痛楚源頭，亦是有效治療之目標。

置諸不理　為禍不小

若對足底筋膜炎問題置諸不理，有可能引發其他身體問題。當腳掌疼痛時，身體會啟動保護機制來自行調整步姿，以其他肌肉與關節來協助腳掌運作，引致腳掌對上關節包括：腳踝關節、膝關節或盆骨關節會因而出現疼痛。

第六章：足部篇

非手術治療

足底筋膜炎的治療關鍵，在於讓筋膜回復正常柔軟度。透過非手術的保守治療，超過 90% 病人在 12 個月內病徵都能得到正面反應。方法包括：

1. 矯正不正常腳型：高弓足或扁平足患者容易出現足底筋膜炎，故應先檢查其腳型並作出相應治療，例如使用鞋墊將腳型矯正。

2. 減少患處壓力：可透過使用腳跟墊放入鞋內吸收震蕩，或使用矯形鞋墊來承托腳底，藉此減少足底筋膜所受之牽扯。使用夜間腳托（night splint）將腳踝關節及腳後跟固定於合適位置及張力，可避免足底筋膜翌日因張力過大而痛。

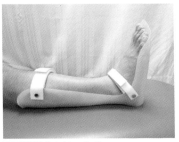

夜間腳托（night splint）

3. 伸展運動：足底筋膜炎的出現乃由於足底筋膜與腳跟骨相連之處的足弓不正常牽引所致。進行伸展運動能增強足底筋膜乃至足部其他韌帶的柔軟度，牽引就不會再集中在某點。

- 腳底拉筋：透過在地板上腳踩網球按壓腳底，有助增加足弓的柔軟度（圖一）。
- 腳跟伸展：平躺身體，將腳踝關節向上屈，即是將腳背朝身體方向拉，此舉能將腳後跟的筋腱拉鬆，可間接紓緩腳底筋膜的壓力。

圖一：腳底拉筋

拉筋也有被動或主動式之分。被動式牽引運動拉筋時會使用毛巾輔助施力，主要有助拉鬆筋膜（圖二）。主動式牽引運動不使用其他器材，只透過肌肉本來的力量拉筋，能同時增強肌肉柔軟度。兩類伸展運動針對不同部分作出鍛煉，相互配合效果更好（圖三）。

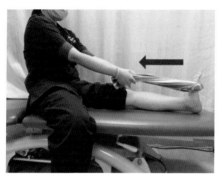

圖二：使用毛巾輔助拉筋

圖三：腳跟伸展運動

進階治療（Advanced option）

如果進行保守治療 12 個月後仍不奏效，會考慮衝擊波治療與手術治療。

衝擊波治療有助減輕病徵，治療透過外力讓僵硬的足底筋膜及韌帶變得柔軟，不過此類治療屬半介入式治療，治療期間及治療完都會帶來痛楚。病人若希望避免病情復發，在再接受衝擊波治療後，還需進行維持性的伸展運動。

只有少於 5% 足底筋膜炎病人需要接受手術。簡單而言，手術需要將其中三分一至一半的足底筋膜進行鬆解，讓筋膜與腳跟骨相連之處因牽引所起的痛楚得以減少，但不能根治。要令問題得到真正解決，應循保守治療方向矯正腳型、減少患處壓力並進行伸展運動讓筋膜回復正常柔軟度。

第六章：足部篇

* 常見誤解 2

注射類固醇可以消炎，不過並不建議使用。因為有一定風險引致腳底脂肪墊硬化，或導致足底筋膜斷裂，而進一步加劇足底疼痛。

預防勝治療

要預防足底筋膜炎，高危人士與大眾均應提神，定時進行伸展運動，多留意平日穿著的鞋子是否合腳。如有出現腳跟痛，可先嘗試保守治療，若疼痛沒有改善，建議就醫找出病因並及早處理。

香港大學李嘉誠醫學院
矯形及創傷外科學系
名譽臨床導師

鄧育昀醫生

急性運動創傷
慎防阿基里斯腱撕裂

香港大學李嘉誠醫學院
矯形及創傷外科學系
名譽臨床副教授

吳嘉豪醫生

147

第六章：足部篇

籃板之下身影交錯，像被人猛踢控球的男孩快速越過好幾位敵陣的球員。他雙腿蓄力準備跳起投籃之際，右腳腳跟突然劇痛，頓時失平衡重重跌倒！觀眾席一片嘩然……

受傷防不勝防，腳跟突然劇痛除了是扭傷，也有可能是肌腱受傷，阿基里斯腱撕裂正是其中一種未必為人熟知的運動創傷。

舉足輕重的阿基里斯腱

阿基里斯腱是人體最厚、力量最強的肌腱。它位於小腿後方，連接小腿肌肉與腳踝，主要協助腳踝關節進行向後蹬及向前推進的動作。每逢走路、踮高腳或跳躍時，都會運用到此肌腱。

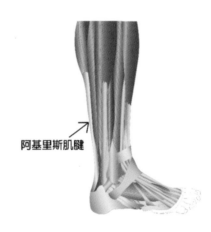

阿基里斯肌腱

按文獻顯示，每十萬人當中每年就有約 20 個人出現阿基里斯腱撕裂（Achilles tendon rupture），並非不常見。有兩類人是阿基里斯腱撕裂的高危一族，分別為：

- 職業運動員：此類人須進行高強度的密集式操練，過程會不斷重覆或過度使用肌腱，故容易出現勞損及撕裂。

- 潛在肌腱退化人士：中年（約 40-50 歲）人士的肌腱已隨年月退化。當這些人久未運動而突然進行激烈運動（例如追巴士），便容易引起肌腱撕裂。

完全與不完全撕裂

職業運動員的訓練強度高，通常在爆發力訓練時受傷。潛在肌腱退化人士則因突如其來的劇烈運動而令肌腱撕裂，故兩種情況往往造成阿基里斯腱完全撕裂。可是這種情況並不會帶來痛楚，令問題未必能即時診斷得到。

如果是單純扭傷並拉扯到肌腱屬於較輕微的情況，可能只會造成阿基里斯腱不完全撕裂，然而過程中出現的痛楚主要由扭傷所致，而非肌腱所致，而且阿基里斯腱不完全撕裂的情況並不常見。如對情況置諸不理，傷者繼續步行踢腳，有機會演變成完全撕裂。

那麼具體而言到底會帶來什麼影響？由於這條肌腱負責協助腳跟關節向後蹬，故當其撕裂時後蹬會變得無力，導致步姿變得不正常及不穩，每走一步需要用到更多能量，容易引起疲勞，步行持久度降低。因肌腱撕裂以致力學改變的關係，重量會轉移至身體其他位置如膝蓋、前腳掌骨，使其壓力增加，同時增加扭傷的機會。

臨床診斷已能確診

根據臨床診斷，足以診斷出阿基里斯腱撕裂。病人如於受創後頭一、兩日求診，醫生沿著阿基里斯腱進行觸診，可摸到明顯的凹陷處，該處正是撕裂的地方，不必影像檢查已能確診。如在創傷後的幾日才求診，凹陷處會被瘀血填塞而變得不明顯，觸診時有機會摸不到凹陷處，其時的診斷就極為依靠醫生的警覺。即使摸不到阿基里斯腱凹陷，醫生仍有可能基於病人的病史與受傷原因而懷疑他的阿基里斯腱出現撕裂。之後，病人須接受腳跟後蹬能力測試，如阿基里斯腱已撕裂，將會即時發現腳跟後蹬能力變弱。

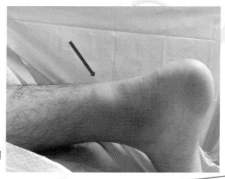

右腳肌腱撕裂初期，可摸到明顯凹陷處（箭咀位置）

X 光檢查、超聲波檢查與磁力共振（MRI）屬輔助性檢查。當懷疑病人同時出現骨折，需要配合 X 光檢查排除骨裂的可能。至於超聲波檢查或磁力共振（MRI）檢查，主要用作確認阿基里斯腱撕裂的遠端或近端的肌腱有否出現退化性變化，推斷日後會否該處再出現撕裂。如果病人狀況須進行手術，上述影像檢查亦有助制定日後手術計劃。

保守治療紓緩腫脹

手術並非阿基里斯腱撕裂的唯一治療方案。透過臨床檢查與影像檢查後，可先將斷裂的肌腱重疊或調整成接合的位置，然後再為患者進行短期石膏外固定，或讓病人短期使用固定支架來保護腳踝。打石膏或使用支架期間，病人須定期覆診保持觀察，若肌腱如常癒合便不必手術介入。

如果進行上述治療無效，而撕裂的患處已到達臨界性的創口闊度，即創口大到無法自行癒合的程度，便需要進行手術修補與縫合，再待身體自行癒合。進行手術的時機取決於撕裂處周圍的軟組織狀態。患處周圍的軟組織如出現急性創傷就會變得腫脹，不利於手術時將斷裂的肌腱接合，且手術後會令傷口癒合時的張力較大，增加創口爆開及發炎的風險，故這種情況下不宜進行手術。

患處腫脹的問題並非不能解決，只要好好把握創傷的頭一至兩日的時機，先進行保守治療將阿基里斯腱鬆弛即可。方法包括：冰敷、向患處施加壓力、抬高以及進行腳趾運動促進血液循環，待腫脹消退後便可進行手術。

手術方式進化

阿基里斯腱的修補手術從前分為傳統手術與微創手術兩種，兩類手術的最大不同，是微創手術的傷口較小，以及術後傷口出現併發症的機會較低。研究顯示，不論是傳統或微創手術，術後復元並重投運動與日常工作所需的時間並無分別。

隨著醫療科技的進步，已發展出第三類手術方案 ── 傳統與微創的合併式手術。合併式手術同屬開放式手術，傷口會比微創手術稍大一點，但仍然比上世紀 80 年代的傳統手術為小。此類手術傷口，於日後出現併發症的機會

僅約 1 至 2%。由於阿基里斯腱位於皮下，在腳跟位置製造開放性傷口或微創傷口的分別不大，合併式手術則在傷口大小、併發症風險各方面取得最佳平衡。

預防受傷有辦法

假如不希望傷及阿基里斯腱以致需要接受手術治療，就得額外留神以下的小貼士：

1. 運動前做好拉筋，尤其小腿肌肉伸展。
2. 運動強度宜循序漸進，不宜一下子大幅增加運動強度。
3. 日常可進行小腿肌肉離心收縮運動來拉伸肌肉，高風險人士尤應如此。首先找一級梯級，雙腳的前掌同時踏上梯級，雙腳腳跟凌空，雙手捉緊扶手。利用身體重量加壓，將腳後跟緩緩下壓，讓右腳小腿出現輕微拉扯感。如要針對左腳訓練，應讓左腳保持下壓力度，非訓練的右腳則慢慢提起後腳跟，然後兩腳交換再做。每 15 次為一組動作，早晚各做一組，每日合共進行兩組動作。

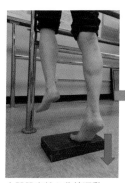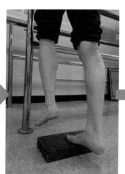

小腿肌肉離心收縮運動

第六章：足部篇

句句有骨

第七章：

兒童骨科篇

香港大學李嘉誠醫學院
矯形及創傷外科學系
名譽臨床副教授

周宏醫生

兒童髖關節發育不全
父母難察覺

不同年齡的兒童，髖關節均有可能出現問題：

- 髖關節發育不全（DDH- Developmental Dysplasia of the Hip）

  於出生早期發生。前稱先天性髖骨節脫骹，後發現此病不一定出生便有，而是有其進程。即出生時一切正常，及至幾個月大、一歲或兩歲才脫骹，故後來才稱為髖關節發育不全。

- 股骨頭缺血性壞死（Perthes disease）

  通常於5、6歲發病。病徵包括髖關節疼痛及活動幅度受限。此病目前成因不明，估計或與血管受壓引起缺血有關，令到未成熟的股骨頭血液供應中斷，引致壞死。

- 股骨頭生長板滑脫（Slipped capital femoral epiphysis）

  一般於發育期約10至15歲左右發病。股骨頭相對生長板的位置向下及後移位，引致股骨幹內翻及外旋。患者腹股溝、大腿或膝關節會疼痛，嚴重會引致跛行。

  以上三種髖關節問題，以髖關節發育不全發病率最高。根據香港大學的研究顯示，此病在本港的發病率接近千分之一。

甚麼是髖關節發育不全？

髖關節由形如球狀的股骨末端和髖臼關節組成。正常情況下，股骨末端處於髖臼內，容許不同幅度及方向的轉動。髖關節發育不全是指出生或成長期間，因先天或後天因素如姿勢不良，影響關節穩定性，令髖臼發育不良。這類情況有程度深淺之分，可以是髖臼相對淺，但股骨末端仍然在位；亦可以是股骨末端與髖臼的併合慢慢變鬆，甚至整個股骨末端脫離髖臼，令整個髖關節半脫位或完全脫位。

發病成因不明

髖關節發育不全成因不明，相關風險因素包括：

- 妊娠晚期胎兒臀位
- 首胎
- 懷孕時子宮內羊水減少
- 有髖關節發育不全家族病史

有研究指，懷孕至第三階段，如胎兒的頭仍未轉向下，而維持臀部向下者，髖關節發育不全的風險會較正常高 10 倍。出現髖關節發育不全的，以女嬰較男嬰為多。文獻上亦指出，嬰兒若患有馬蹄足或斜頸症，患髖關節發育不全的機會亦比較高。

早期徵狀

- 換尿布時，嬰兒大腿外展受限：因為髖關節脫臼，造成關節外展幅度減少
- 換尿布時，髖關節有聲音：因為髖關節發育不良、脫臼，股骨頭很容易進出髖關節，所以會造成一些聲音。
- 腹股溝皮膚皺紋左右不對稱
- 長短腳：因為髖關節脫位的緣故，患肢通常會顯得比較短。

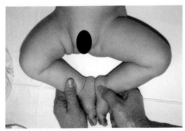
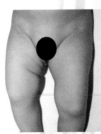

嬰兒大腿外展受限

腹股溝皮膚皺紋左右不對稱

長短腳

不過出現明顯症狀的，僅限髖關節完全脫位的患者，純粹髖關節發育不全者，可以完全沒有徵狀，需靠檢查才能發現。這亦解釋了為何嬰兒出生後，父母未必能第一時間發現問題，需待帶子女到母嬰健康院檢查髖關節時，才由醫護人員發現。

在 6 個月大之前股骨頭還沒有骨化，X 光檢查不容易顯影股骨頭的正確位置。所以臨床上超聲波檢查是用來早期診斷髖關節發育不全的最佳選擇。6個月以上的兒童，因為股骨頭開始骨化，X 光檢查是最常用的檢測方法。

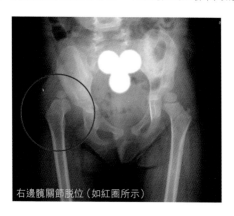

右邊髖關節脫位（如紅圈所示）

髖關節發育不全如不予處理，便會明顯影響走路。患者走路會跛行、長短腳，嚴重會引致腰痛，長大成人後關節退化機會亦會大增。

治療方案因人及年齡而異

因應患者年齡、病情嚴重程度，髖關節發育不全的治療方法亦會有所不同。

- 柏氏吊帶

  6 個月大以前確診，可穿戴柏氏吊帶保持髖關節外展及 100 度屈曲，以引導股骨末端歸位。穿戴時間長短視乎年齡、病情，年紀愈大，髖臼愈淺，病情愈不穩定者，需時愈久。佩戴期間，需定期照超聲波及檢查，評估治療反應，以決定是否需繼續佩戴，平均需佩戴 2、3 個月。當中約有 5-10% 患者會完全無法復位，主要的原因是他們的髖臼確有先天不正常結構，妨礙股骨末端陷入，故需手術處理。

佩戴吊帶，需由專人調節適當位置，如佩戴得不恰當，神經線會受壓，股骨頭血液供應有機會受到影響，引致將來股骨頭變形。

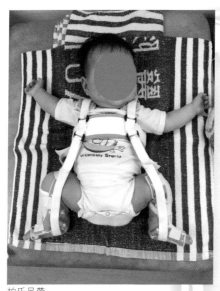

柏氏吊帶

- 閉合式復位

若以柏氏吊帶處理方式失敗，便需要在手術室做閉合式復位，即全身麻醉下，徒手將髖關節復位，再以造影確定復位是否成功。成功則會以石膏固定 3 個月，再評估是否需額外做支具，保持位置。復位後要待髖關節發育良好，才算成功。

- 開放式復位

1 歲半以後，病人能透過閉合式復位方法成功復位的機會不大，故很多時候須要做開放式復位，即以手術打開關節部位，將變緊了的筋腱、異常組織取走，以恢復股骨的原有位置。隨着患者年紀長大，髖臼和股骨頭的變形會變得更加嚴重。除了復位手術之外，很多時都需要另加髖臼和股骨頭矯形手術以增加復位後的穩定性和長遠的效果。復位手術有機會影響股骨頭血液供應，繼而影響關節發育，病人將來有機會出現長短腳。

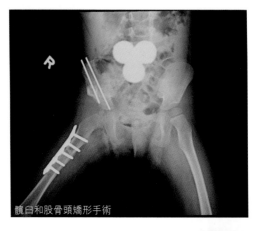

髖臼和股骨頭矯形手術

愈早發現愈可能治癒

錯過了兒童期治療的髖關節發育不全者，步入成年，隨著年紀愈大，便會產生不同的後遺症。由於髖關節發育不全會引致長短腳，病患者需要用腰椎幫助身體平衡，會容易引致早期腰骨退化及腰痛。另外，髖關節長期處於脫位狀態，關節軟骨會容易受傷及提早出現髖關節退化現象。若果關節退化不嚴重，可嘗試接受矯形手術重建髖關節。若然出現比較後期的關節退化，患者可能需要接受髖關節置換手術。跟其他疾病一樣，髖關節發育不全也應病向淺中醫。愈能及早發現，便愈可提升治療的效果。

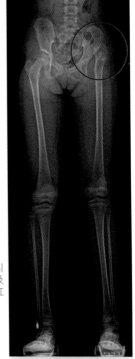

左邊寬關節脫位置引致盆骨高低不平衡及輕微脊柱側彎。（如紅圈所示）

香港大學李嘉誠醫學院
矯形及創傷外科學系
臨床副教授

杜啟峻醫生

基因突變引起的骨骼發育不良

159

「骨骼發育不良」泛指骨骼不能正常生長、癒合，患者體型較正常人矮小，骨骼形狀亦異常，例如較彎曲、較大或小，較硬或軟等。目前共有 400 多種會影響人類骨骼，導致骨骼發育不良的疾病。

此病成因主要為基因突變，包括母親懷孕期間胚胎突然出現基因突變，或父母患有此病而遺傳下一代，後者可分為：

1. 顯性遺傳
父母任何一方患有此病，子女有 50% 機會受遺傳，一經遺傳便會表現出來。

2. 隱性遺傳
父母雙方均有此基因突變但並沒發病，當母親懷孕時將雙方的突變基因同時遺傳給子女，並表現出來。

基因突變會影響人體新陳代謝、製造荷爾蒙能力、引發處理蛋白、鈣及生長激素的問題，繼而影響造骨能力，引發連串後果。

1. 身型矮小
例如「侏儒症」患者，身高一般到成年時亦僅約 1 米左右，日常生活如坐車、去洗手間、坐電梯均會帶來不便。生理以外，患者外型未必為人接受，日常生活會受到歧視 、欺凌，嚴重會影響心理。

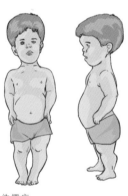

侏儒症

2. 神經線受壓

患者因骨骼生長異常導致腳、脊柱較正常人短，容易壓及旁邊的神經線。例如軟骨發育不全（Achondroplasia）、假性軟骨發育不全（Pseudoachondroplasia）、多發性骨骺發育不良（Multiple Epiphyseal Dysplasia）、先天性脊椎骨骺發育不良（Spondyloepiphyseal Dysplasia）患者，一出生或成長後有可能出現中樞神經受壓，引致發育遲緩、神經線麻木、不靈活，年長時走路太久腳會麻痺，以致無法走遠。部分脊柱側彎個案，長遠或會壓及心、肺，影響心肺功能，嚴重如側彎 150 度以上者，更容易有生命危險，不少患者因心肺功能問題而致壽命縮短。

3. 神經線纖維瘤

「骨骼發育不良」患者易在如小腿骨、脊柱內長出不正常的神經性纖維瘤，令小腿容易骨折、腳部變形；脊柱的神經性纖維瘤則會壓住神經線，引致脊柱側彎、變形，更會壓住心肺，提升死亡風險。亦有神經線纖維瘤會演變成惡性腫瘤。

「骨骼發育不良」並非隱於無形，已知的骨骼疾病，目前可透過基因測試準確檢測。當父母均有此疾病，並打算懷孕，可透過此檢測計算風險，或以人工授孕方法篩走不正常胚胎；已懷孕且父母雙方均有此病，母親產前會做羊水檢測，確定胎兒有否「骨骼發育不良」；亦有個別個案待胚胎成型發育，產前超聲波檢查發現跟正常胚胎有差異，例如骨骼變形、手腳短了、較正常發育緩慢，便會進一步作相關檢查。

產前超聲波檢查發現跟正常胚胎有差異，便會進一步作相關檢查。

第七章：兒童骨科篇

反覆骨折的玻璃骨

俗稱玻璃骨的「成骨不全症」亦為「骨骼發育不良」的一種，約每 10000 至 20000 名初生嬰孩便有一位發病。典型玻璃骨成因為膠原蛋白異常。膠原蛋白為主要造骨成分，一旦異常，即使輕微碰撞，脆弱的骨骼便易折斷，患者除個子矮小、骨骼變形，更會反覆骨折。

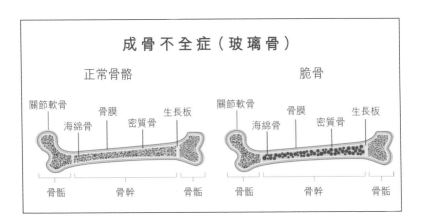

成骨不全症（玻璃骨）

正常骨骼　　　　　　　　脆骨

關節軟骨　骨膜　生長板　　關節軟骨　骨膜　生長板
　海綿骨　密質骨　　　　　　海綿骨　密質骨

骨骺　　骨幹　　骨骺　　　骨骺　　骨幹　　骨骺

現時已知的玻璃骨種類共有 16 種，但當中 5 至 10% 並未確定由何種基因突變引致。不同的突變基因，令玻璃骨的病徵表現有少許不同，如癒合能力差、骨骼塑形能力差，即例如骨折後長出不正常如腫瘤般大的骨，以致破壞附近關節。

玻璃骨可按病情分為輕度、中度及嚴重三類，輕度患者身高接近常人，只是骨骼稍為脆弱，故毋須特定治療或長期服藥，一旦因碰撞出現骨折，只需駁回便可。

中度或嚴重者，通常有嚴重變形、反覆骨折，故需及早介入治療，包括藥物治療如治療骨質疏鬆藥物雙磷酸鹽、維他命 D 等。

骨骼一旦變形，便不會變直，亦易折斷，可透過手術矯正、固定，如鑲鋼板螺絲、釘髓內釘等，以避免變形或反覆骨折，同時配合藥物治療，改善骨密度。

玻璃骨患者如有脊柱側彎，一般會採取保守治療，如運動、支具等，以減輕惡化。藥物如治療骨質疏鬆的雙磷酸鹽亦有助改善病情。但如脊柱彎至某個程度，為免壓及心肺影響心肺功能，會建議做手術。

日常鍛鍊是關鍵

值得一提的是，手術、藥物治療再好，卻比不上平日的鍛鍊。雖然玻璃骨患者容易骨折，卻不代表坐下來甚麼都不做會對病情有幫助，因不活動、不讓骨骼負重，骨質是會流失的，骨骼會因而更易折斷，故治療玻璃骨，重點在於打破惡性循環。手術需盡快完成，待骨骼恢復原有硬度時勿忘以支具保護；同時要盡快幫患者站立，避免肌肉萎縮之餘，亦減少骨骼鈣質流失。

鄺宇翎醫生

香港大學李嘉誠醫學院矯形及創傷外科學系
名譽臨床助理教授

透視兒童扁平足

足弓由多塊骨頭組成，是腳底一個向內凹入的結構，主要作用是在行走或跑步時緩衝震盪，以達至吸震效果。扁平足是指足弓塌陷，於踏地時消失，並且足部後跟出現外翻的情況。

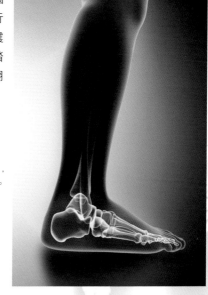

足弓由多塊骨頭組成，
主要作用為緩衝震盪。

除了成人，原來兒童亦會有扁平足。

何謂兒童扁平足？

兒童足部到底要有多扁平，才能稱之為扁平足？目前並無國際認可的界定準則，亦無研究確定兒童足弓扁平程度到底要超出哪個範圍，成長後才會出現問題。

目前診斷兒童扁平足，主要是靠外觀上的判斷。透過觀察患者的足弓外觀，包括有否塌陷或扁平，及後跟有否外翻。

兒童為何會有扁平足？

足弓由多塊骨頭組成，兒童足部的韌帶及關節囊柔軟度高，不如成人般一過了青春期後韌帶及關節囊便會變硬，於是當腳一踏地，便會令足弓受壓並變扁平。

兒童扁平足可分為兩類 — 1. 功能性彈性扁平足；2. 結構性僵硬性扁平足。

第七章：兒童骨科篇

● 功能性彈性扁平足

為最常見的兒童扁平足，佔所有兒童扁平足的個案逾九成。當站立時，因腳部承受全身體重，足弓便會消失。但當患者以腳前半部分站立，因動作收縮小腿肌肉而拉緊了腳部其中一條肌腱，拉起了足弓，故足弓又會重現。同時腳後跟將由外翻變內翻。此外，當拉起腳趾頭，連帶拉緊腳趾對下的韌帶，足弓亦可重現。這些都是診斷功能性彈性扁平足的方法。

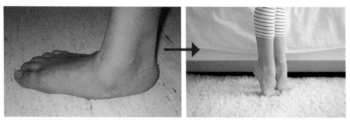

功能性彈性扁平足患者當站立時，足弓便會消失。但當患者以腳前半部分站立，或拉起腳趾頭時，足弓又會重現。

家長多會為兒童扁平足問題擔心，但這是很常見的現象，如他們只是足部扁平，走路時並沒出現任何不適或痛楚，便不需接受治療，一般到青春期，扁平足大多會消失。

少數患功能性彈性扁平足的兒童，走路短時間後，便會感覺疲累，也就有必要使用鞋墊，承托足弓，以回復避震功能。另亦要多做伸展運動，幫助拉鬆後腳跟肌腱。有些患者亦需要多做腳尖站立的運動，以強化脛骨後肌（Tibialis posterior），以回復足弓弧度。

鞋墊能承托足弓，以回復避震功能。

多伸展後腳跟肌腱，有助回復足弓弧度。

個別患者即使穿了鞋墊及接受物理治療，仍無法消除痛楚，便需以手術矯正腳形，令足弓重現。

● 結構性僵硬性扁平足

最常見成因為患者腳底有些骨頭先天性融合在一起，以致足部結構失去正常柔軟度。正常站立時，足弓會塌陷；即使以腳前半部分站立，足弓仍不會重現，而後跟會保持外翻。

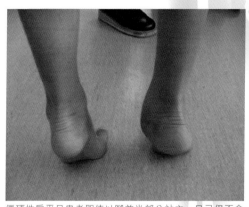

僵硬性扁平足患者即使以腳前半部分站立，足弓仍不會重現，而後跟會保持外翻。

此類患者同樣是步行一段時間便會腳痛，且痛楚較功能性彈性扁平足患者強烈。多數患者年輕時痛楚並不明顯，約 9、10 歲時患者會開始出現症狀而需求診。

僵硬性扁平足大多需以手術處理。如有骨頭先天性融合，骨科醫生會在腳部開一個小傷口，將融合的兩塊骨頭分開，令骹位能活動自如，最終解決扁平足問題。

第七章：兒童骨科篇

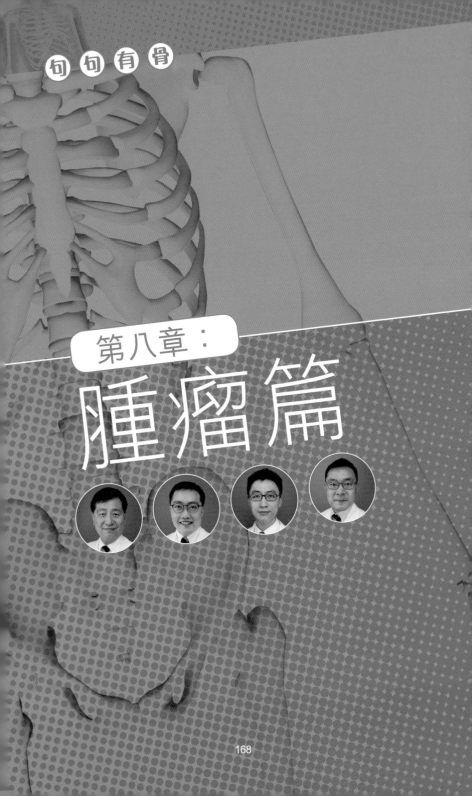

句句有骨

第八章：

腫瘤篇

原發性骨癌的診與治

香港大學李嘉誠醫學院
矯形及創傷外科學系
名譽臨床副教授

林英利醫生

香港大學李嘉誠醫學院
矯形及創傷外科學系
名譽臨床導師

梁紹明醫生

以為一旦患上骨癌便藥石無靈？其實骨瘤有不同類型，即使患上惡性骨肉瘤，只要積極面對治療，早期骨肉瘤患者的五年存活率可高達 80%。同時，針對病情後期的患者，也有相應的治療來紓緩患者的不適，藉此提升其生活質素。

骨肉瘤最常見

原發性骨瘤有很多種，分為良性及惡性。在原發性惡性骨瘤中，骨肉瘤為最常見。此類腫瘤多見於正處於發育時期的兒童及年青人身上，男性的患病比率較女性高。同時，此類腫瘤也多發生於人體的長骨幹骺端（即頭尾兩端），尤其於下肢股骨遠端處。

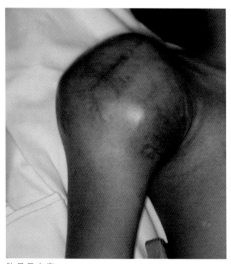

肱骨骨肉瘤

探究成因

原發性骨肉瘤的形成是由於該處的骨骼出現病變，導致骨骼細胞異常增生而出現。此病的確實成因暫時仍不明，有說法指可能與遺傳有關，但現時仍未有充足的研究證明兩者有直接關係。但因男性的發育時期較長，故會有較高風險出現骨骼病變，增加患上骨肉瘤的機會。同時，如曾接受電療的人士，其患病機會亦有可能會略高。

徵狀你知嗎？

- **出現痛楚**

  患處會不時出現痛的感覺，即使患者處於靜態，又或於晚上睡覺期間。

- **出現腫塊**

  當腫瘤變大至影響皮膚組織，又或令周圍的軟組織發炎腫脹，便會導致皮膚出現腫塊，其時患者或可自行摸到腫塊。患者切勿自行刺穿皮膚、使用外敷藥物或按壓患處，以免令癌細胞擴散。

- **骨折**

  受腫瘤影響，該位置的骨骼會變得脆弱，繼而有機會出現病理性骨折。故有患者或會因感到劇烈疼痛而求診，但其實已經骨折，再接受 X 光檢查後才發現自己患上了骨腫瘤。

  如有懷疑，應盡早求醫作病理診斷。至病情後期，患者或會出現體重下降、經常發燒等徵狀。加上如腫瘤已出現肺轉移（較常見）的話，患者甚至會有咳嗽及呼吸不暢通的情況。

診斷三步曲

臨床問症

醫生會詢問患者的病歷，如有否出現相關病徵、以往曾否接受電療等等；同時亦會進行臨床檢查，如患者身上有否腫塊等等。

影像及血液檢查

第二，醫生會為患者進行影像檢查如 X 光檢查，以嘗試找出腫瘤生長的源頭如長在骨內或骨外，以助制訂治療方案。與此同時，亦會進行正電子掃描、骨掃描、顯影電腦掃描及磁力共振檢查等，以檢查是否出現擴散。

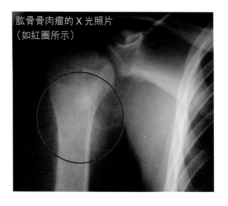

肱骨骨肉瘤的 X 光照片
（如紅圈所示）

另外，血液檢查也是不可或缺的一部分。但要留意的是，有些骨癌患者的檢測結果或會顯示為正常，但也有部分骨癌患者的特定血液指標或會有升高的情況，如血清鹼性磷酸酵素（ALK-P）、乳酸脫氫酵素（LDH）等等。

病理診斷

下一步為病理診斷，醫生會抽取患者的腫瘤活組織予病理科醫生進行化驗，一般會使用粗針抽檢或手術切片等方法抽取。此診斷方法多能給予醫生準確的答案，有助確診。但在臨床表現上，初次的抽針化驗結果有百份之五至十未能確診，故或需進行二次抽針化驗，又或者需轉用手術切片的方法來化驗。

治療骨肉瘤

早期（未有擴散或轉移）

針對惡性骨肉瘤，標準的治療會先為患者進行前導性化療，此為全身性的治療，目的是希望透過藥物殺死一些微細的腫瘤擴散（透過檢測未能發現），同時亦能在之後用作評核化療的效用。另一方面，也有望可縮小腫瘤的大小，減少手術期間切除的正常組織。

接下來便會施行手術切除，此為有望根治骨癌的唯一方法。而手術後，醫生也會將切除的腫瘤交予病理科做檢驗，查看腫瘤細胞有否死亡的跡象，判斷術前化療藥物的效用。如效果良好的話，在術後也會繼續使用，以減低術後再次復發的機會。

後期（已轉移）

針對腫瘤已擴散的患者，治療目的以紓緩徵
狀為主，藉此希望可改善患者的生活質素。
舉例，醫生或會按患者狀況為其進行一些手
術，以縮小腫瘤，以希望減低患者的不適；
又如骨癌患者入院前已惡化至有骨折的情況，
醫生則會將其骨折位置固定，讓患者可恢復
活動能力，避免長期臥床的情況。

可避免截肢？肢體保存手術

視乎骨腫瘤影響範圍，可考慮於手術切除時
保留患者的肢體。舉例如針對膝關節的腫瘤，
考慮到腫瘤位置，手術期間醫生亦會一併切
除膝關節，以徹底清除腫瘤細胞，但如腫瘤
還未影響血管或神經線的情況下，即患者的
肢體仍留有功能時，便可為患者進行人工關
節置換手術，令其在術後仍可保留活動能力。
同時，針對骨骼的缺損，則主要會使用自體
骨、金屬假體等進行重建，有需要時醫生也
會配合使用屍骨，以增加骨骼的穩定性。

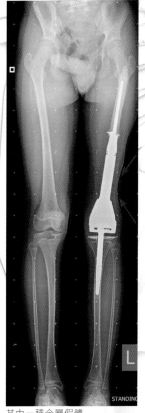

其中一種金屬假體
（如箭嘴所示）

治療副作用須知

在化療方面，因藥物會隨血液循環走遍患者全身，將一些生長快速的細胞
如癌細胞殺死，故也有可能會一併將正常細胞殺死，繼而或會導致患者的
免疫力下降，增加受感染的機會。

另外在手術方面，一般術後所造成的傷口都會較大，同時亦因患者接受過
化療，變相亦會令其免疫力下降，故傷口出現發炎或感染的機會也會較高。
與此同時，視乎腫瘤的大小及影響位置，手術過程中或會傷及周遭的血管
或神經線，影響患處日後的血液或淋巴循環，故患者術後或會容易出現腳
腫等情況。

香港大學李嘉誠醫學院
矯形及創傷外科學系
名譽臨床助理教授
游正軒醫生

不知名腫塊？
認識軟組織腫瘤

洗澡、更衣時摸到身體有一凸出腫塊？你或患上了軟組織腫瘤。大部份軟組織腫瘤都是良性，但是醫生的專業評估還是需要的。[1]

了解軟組織腫瘤

人體的軟組織，包括皮下脂肪、肌肉、筋帶、神經線及血管等，均有機會出現軟組織腫瘤 (Soft Tissue Tumour)。而此腫瘤可出現在任何一個身體部位，但當中則多見於下肢。

簡單來説，軟組織腫瘤又可分為以下幾類：

- 良性腫瘤（佔大多數），例如良性脂肪瘤
  - 不會影響其他組織，並不會轉移至其他身體位置
  - 按其對患者的影響程度，與醫生商討後，或不需處理

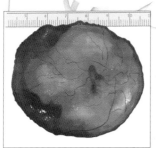

良性脂肪瘤

- 惡性腫瘤，例如惡性軟組織肉瘤
  - 會轉移至其他位置，當中肺及骨轉移較為常見
  - 需處理，因此類型腫瘤除會侵蝕周邊的組織，更會轉移至其他部位，危害患者生命

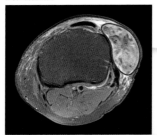

磁力共振：惡性軟組織肉瘤
（如紅圈所示）

- 「灰色地帶」如低毒性腫瘤，例如非典型性脂肪瘤
  - 會變大，或對周邊的組織造成影響，少出現轉移
  - 需要處理

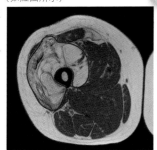

磁力共振：非典型性脂肪瘤
（如紅圈所示）

第八章：腫瘤篇

有何病徵？

患有軟組織腫瘤的患者，通常或可自行觸摸到腫塊，又或於進行其他檢查如電子掃描時發現；而隨著腫瘤體積變大，患者也會較易自行發現，當中生於手腳的腫瘤，多可在病情初期被發現。反之生於四肢以外的部位如腹部，則較難被察覺。至於疼痛方面，視乎個別情況及影響位置，有些軟組織腫瘤會疼痛，有些則不會。

> ### 常見軟組織腫瘤病徵小檔案
> - 表面血管瘤（良性）
>   腫塊會時大時小，外觀呈藍色，觸碰腫塊時或會感到其如脈搏般輕微跳動，同時腫瘤會因外來壓力而變平坦，及後又因再次充血而慢慢脹起。

診斷步驟不可缺

第一步

醫生會先為患者進行臨床問診，包括詢問患者如何發現腫塊、該腫塊出現多久、有否變大、疼痛與否及病發位置有否曾接受電療，同時也會了解患者有否其他綜合症，如患上神經纖維瘤病（因此病患者的體內有很多良性神經纖維瘤，故會有較高風險其中之一轉變為惡性）等等，以初步判斷患者是否患有此病，以及腫瘤類別（如良性或惡性）。

第二步

再者，醫生會進行臨床檢查，查看該腫塊的大小、位置深淺及軟硬度。有研究文獻指出，如腫塊大於 5 厘米、位於皮下脂肪之下、逐漸變大、再次復發又或是有痛楚的話，均有較高機會是患上了惡性軟組織肉瘤。

故就以上情況，醫生亦會安排患者進行磁力共振檢查，以查看腫塊的確實位置、是否鄰近其他組織（如大血管及神經線）等。有些情況下，更可得知腫瘤是否為惡性。同時，當中有少數患者或需再進行 X 光、超聲波及電腦掃描檢查。及後，亦會為患者進行抽針作活組織檢驗，以再一步確認腫瘤是否屬惡性，以為患者制定進一步治療方案。

手術切除為主

良性

如經過臨床問症及檢查後，已可確定腫瘤屬良性如良性脂肪瘤，而患者又想治療的話，一般會以手術切除處理便可。但要留意的是，此類腫瘤也有復發的可能性，但臨床上發生的比率較少。

惡性

如參考多方數據後，腫瘤有很大機會屬惡性的話，一般會為患者進行手術切除，但與處理良性腫瘤不同的是，惡性腫瘤手術一般切除範圍會較大及深入，變相亦會切除更多的周遭組織，如惡性腫瘤發生於手腳，更有機會需截肢。

針對個別的惡性腫瘤個案，醫生或會建議患者進行術前或術後電療，作進一步的輔助治療，原理是使用一定強度的放射線來殺死腫瘤。亦有些個案是可選擇試用標靶治療，另外，在大部分情況下，化療的作用相對較低，故臨床上會較少選用此法。

手術重整

手術切除有機會造成周遭的軟組織損失，尤其切除惡性腫瘤。故視乎患者的期望及術後需要，醫生會將其進行重整手術。舉例如大面積的表皮組織損失，因不可單使用縫針方法處理，或會為患者進行皮瓣修復轉移手術及植皮手術等。

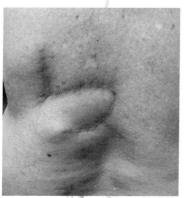

皮瓣修復轉移

第八章：腫瘤篇

另外，又如手術所致的筋帶或肌肉缺損，甚至有些腫瘤會黏附在骨骼上，亦有機會需切除部分的骨骼，故有可能造成結構上的問題，需進行相關的重整工作。

良性腫瘤要定期覆診嗎？

定期覆診與否，需視乎患者的情況。正如以上提及，患上良性軟組織腫瘤的患者，很少會出現復發的情況，同時手術切除後亦因切除的範圍較小，多不會造成功能上的影響。因此一般來說，如患者沒有特別情況，也不必定期覆診。但要留意的是，良性或低毒性腫瘤再次復發，有機會轉為惡性腫瘤，故建議及後如再次復發，應盡早求醫，以免延誤治療，錯失良好治療時機。

香港大學李嘉誠醫學院
矯形及創傷外科學系
名譽臨床助理教授

何偉業醫生

骨轉移之紓緩性方案

第八章：腫瘤篇

根據美國的醫學文獻，有四分之一的癌症最終會出現骨轉移。除了會令患者出現骨痛，增加骨折的風險外，更有機會引發高鈣症，影響心臟功能。針對患者骨骼受損的程度，醫生會選用不同的治療方案，包括使用標靶或免疫治療、加固手術等，一方面可紓緩痛症，同時也可減低骨折風險，提升患者的生活質素。

骨轉移是什麼？

簡單來説，當身體某部位的腫瘤發展至後期，或會透過血液或淋巴循環等途徑，轉移至其他部位，如轉移至骨骼的話，醫學上便會稱為骨轉移。

每種癌症都有機會出現骨轉移的情況，但在臨床上較常見於肺癌、肝癌、腎癌及甲狀腺癌患者，而當中針對女性患者的話則是乳癌，男性患者則為前列腺癌。當然大腸癌，甚至血癌如骨髓瘤、淋巴癌等亦有機會發生骨轉移，惟比率上相對較低。

那多出現在哪些部位？骨轉移主要集中在血液循環較旺盛的位置出現，換言之即是較常出現在上半身，包括頭骨、脊椎骨、大腿骨及上肢骨等。

影響與徵狀

疼痛、骨折

在正常的情況下，骨內的巨細胞會溶解壞死的骨質，以修補骨骼。但當骨骼受腫瘤細胞刺激，骨內的巨細胞便會異常且過分地吸收自身骨質，令原有的骨骼結構受到破壞，故有時患者或會於受影響位置感到疼痛，同時亦會增加該患處出現骨折的機會，在醫學上稱為「病理性骨折」。

高鈣症、心律不正

另一情況是，在骨質被異常吸收的過程中，巨細胞有機會釋出過多的鈣質，令血液中的鈣含量出現偏高的情況，繼而引發高鈣症，影響心臟功能。如不及時處理，最終更會導致心律不正，甚至心跳停頓等情況。

下肢癱瘓、大小便失禁

針對腫瘤細胞擴散至脊椎骨的個案，則會令中樞神經受壓，對身體某部分機能造成影響，或會引致下肢癱瘓、大小便失禁等問題，為患者帶來巨大的困擾。

治療按階段

輕微受損

首先，針對出現骨轉移的晚期癌症患者，如其患處的骨骼結構仍未出現嚴重受損，便可使用以下的方法：

第一，傳統方法為進行電療，主要作法為使用低劑量的放射線殺死腫瘤，或有助紓緩病徵。而隨著醫學進步，現時也可使用針對性的標靶或免疫治療，對控制骨轉移的徵狀也有一定程度上的幫助。

第二，醫生也會按情況處方雙磷酸鹽（bisphosphate）及地諾單抗（denosumab）等藥物。根據醫學文獻指出，服用以上兩種藥物可有效減低患者出現病理性骨折的機會約 40%。

嚴重受損

如經醫生評估後，受影響位置的骨骼已出現嚴重受損，且隨時有骨折危機的話，即使有其他藥物可以使用，但因骨骼修復也需一段時間，故首選治療方法多為先使用外科手術加固受損骨骼，而手術方法有很多種，可以用金屬加固，又或換人工骹，除了可減少出現骨折的機會，也有改善痛症的效果。

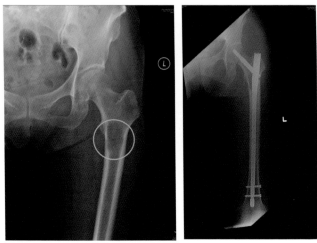

X 光顯示部份股骨受到癌症骨轉移侵蝕（圓圈所示），手術使用金屬髓內釘進行加固。

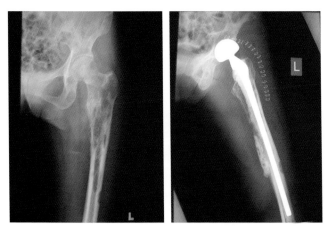

整個股骨都受到癌症嚴重侵蝕，需要進行人工關節置換。

對其他治療方法無效

當中最典型的例子是腎癌，一般來說此症對化療及電療效果都不太理想，但整體來說，因其病情發展也不算很快，換言之此類患者即使出現骨轉移，其壽命或也有一至三年時間。因此，在此類患者身體狀況許可之下，或會建議其進行手術，截去有問題的骨骼，再使用屍骨等方法作重建。

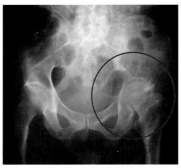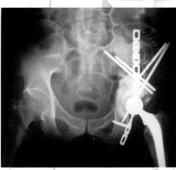

左邊盆骨有癌症骨轉移，需要進行多種技術同用的複雜重組手術。（如紅圈所示）

紓緩疼痛有法

在紓緩疼痛方面，或會使用磁振導航超音波熱治療，主要原理為使用熱療，將腫瘤細胞及周遭的感覺神經線「燒壞」，令其不會再釋放荷爾蒙，刺激自身細胞侵蝕骨骼，繼而可有助患者減輕痛症。

但要留意的是，此方法並沒有加固骨骼的作用。故在臨床上，多會用在一些較晚期、身體狀況很差（未必適合做大型的手術），但又受疼痛困擾的患者身上。

骨轉移警號要留意

癌症患者應要不時留意，自身有否出現骨痛問題，且情況愈來愈嚴重，如需服食更多止痛藥，甚至當處於靜止的狀態如坐下、晚上睡覺時仍感到非常疼痛的話，便有可能是出現骨轉移，甚至是骨骼已變得非常脆弱，容易造成骨折問題，需立即求醫處理。

第八章：腫瘤篇

第九章：
運動篇

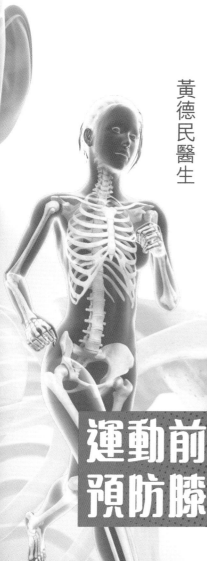

香港大學李嘉誠醫學院
矯形及創傷外科學系
臨床副教授

黃德民醫生

運動前做好準備
預防膝傷無難度！

運動有益身心，除了可助維持身型，還可促進心肺功能，強化骨骼肌肉等效用。但在做運動之前，你有否做好熱身、穿著合適的保護裝備？要知道如沒有做好以上準備，會大大增加患上膝傷的機會。一旦受傷，有何處理方法？本章將與你一同探討！

膝傷：軟組織及骨骼

當膝頭受到撞擊，在軟組織方面，輕則或只會令皮膚表皮擦傷，又或者皮下血管受撞擊後破裂而形成瘀傷（Bruise）。嚴重的話，或會造成前十字韌帶、半月板受傷，甚至髕骨（俗稱菠蘿蓋）脫位。影響骨骼的話，嚴重亦可能導致骨折。

> 知多點：
>
> ● 十字韌帶：可分前、後兩條，其作用為連接股骨及脛骨。主要防止脛骨向前移位，同時也有維持膝關節穩定的功能。
>
> ● 半月板：呈半月形有彈性，可分為內側及外側，有助增加膝關節的穩定性，同時亦可吸收震盪，有緩衝的作用。

常見為軟組織創傷

前十字韌帶、半月板撕裂等軟組織受傷在臨床上較為常見，而大多情況下是由運動創傷所致。

前十字韌帶受傷

在前十字韌帶方面，患者多於滑雪、踢足球，又或是在打籃球時進行「急停」、「跳射」那一剎間，造成前十字韌帶撕裂。與此同時，因前十字韌帶撕裂時，膝關節也會隨之有輕微的旋轉及脫位，故亦有機會令半月板（尤其外側半月板）同時受傷。

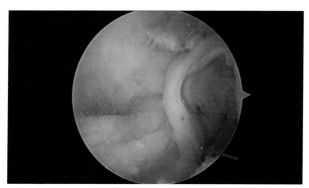

關節鏡下看到前十字韌帶撕裂。

此情況普遍多見於女性，原因在於其先天結構上膝關節會有輕微外翻，故會增加前十字韌帶撕裂的機會。

在徵狀方面，首先患者在受傷時或會聽見「啪」一聲響，那並不是前十字韌帶撕裂時發出的聲音，而是源自在韌帶撕裂時，因有可能同時引致膝關節輕微脫位而發出的聲響。另外，前十字韌帶位於關節內，故撕裂不久膝部便會隨之開始腫脹，患者會感到膝部非常疼痛，走路困難，甚至需要立即停止該項運動。在嚴重的情況下，如患者多條韌帶撕裂，更有可能導致膝關節完全脫臼。

針對陳舊性前十字韌帶受傷，患者則或可如常走路，不過在某些情況下，如上落樓梯、快速步行急停時，患者或會覺得膝關節有不穩、鬆弛的情況。同時，陳舊性前十字韌帶受傷，會導致關節不穩，繼而令關節容易重覆受傷，增加半月板、軟骨受傷機會。

半月板受傷

與前十字韌帶受傷相似，急性半月板受傷的患者剛受傷時會出現關節腫脹、疼痛等徵狀，但腫脹的情況較前十字韌帶受傷所致的輕微。但如半月板撕裂的範圍較大，其則有機會卡住關節，阻礙關節屈伸。另外，針對半月板後角撕裂個案，此類患者在蹲下時，因骨與骨之間會壓迫已撕裂的半月板，亦會令其感到膝部不適。

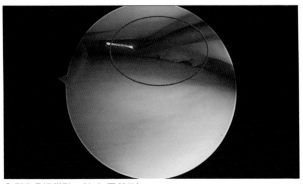

內側半月板撕裂。（如紅圈所示）

急救處理方法

一旦受傷，便應遵守以下四大處理要點：

休息（Rest）：建議第一時間停止繼續運動，以免進一步惡化情況；
冰敷（Ice）：用冰敷於疼痛的位置上，減慢患處的血液循環，有助減輕疼痛；
包紮（Compression）：利用彈性繃帶包紮患處，抑制腫脹；
抬高（Elevation）：將患處抬高，可促進血液回流，減緩腫脹。

同時，亦建議患者要盡快向家庭醫生求診，如情況嚴重，更應立即往急症室處理。有需要的話，更有可能需轉介至骨科專科醫生，再作進一步跟進。

如何診斷？

醫生會先進行臨床問症及檢查，以了解患者受傷的原因，及初步檢查患處的情況。下一步會進行 X 光檢查，以檢查骨骼，同時亦有可能為患者作磁力共振檢查（MRI），進一步查看軟組織的情況。

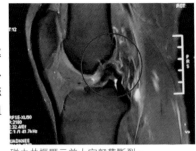

磁力共振顯示前十字韌帶斷裂。
（如紅圈所示）

了解治療方法

廿年前，一般處理軟組織創傷的方法為使用保守療法，簡單來説即是休息、使用非類固醇性消炎止痛藥、物理治療（強化周邊的肌肉）等等，以減輕患處的疼痛感及腫脹的情況，望讓患處可慢慢自行康復。但隨著醫療技術不斷進步，醫生現時亦會按患者的情況，同時配合使用以下的治療方法：

前十字韌帶

如前十字韌帶完全撕裂的話，一般會建議進行前十字韌帶重建手術（ACL Reconstruction），主要作法為利用膕旁腱、髕骨韌帶等自身軟組織，再使用內窺鏡把其固定至脛骨與股骨之間，從而取代前十字韌帶。手術的好處是可以改善膝關節的穩定性，也可減少關節再度受傷的機會。而術後亦需配合物理治療師的指示，進行一些針對肌力的訓練，以助復元。

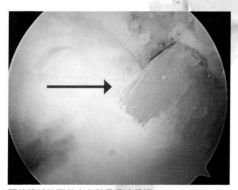

關節鏡輔助下前十字韌帶重建手術。

半月板受傷

要視乎患者半月板受傷位置、病徵，如半月板只有輕微撕裂，一般只需通過保守治療來處理。針對半月板嚴重撕裂，甚至已移位的情況，便需進行手術來縫合半月板，但如撕裂的半月板已在關節內游離，則需手術切除部分半月板，惟要注意的是，此方法會令半月板的面積變小，變相也會令骨與骨之間的接觸面變大，有機會增加關節面磨損，提高患上退化性關節炎的機會。正因如此，特別針對年輕患者，會以縫合半月板為進行手術的首選。

189　第九章：運動篇

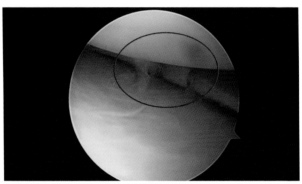

修補好的內側半月板。（如紅圈所示）

運動創傷要排除骨折

在臨床經驗上，也有個案因運動創傷令膝關節周邊骨折。面對以上情況，多需使用手術來處理，而主要作法是利用鋼板、螺絲、髓內釘，以固定骨折位置。手術有助加快患處復元，不用長時間打石膏，加上如患者屬大腿骨骨折，打石膏通常難以固定骨折部位，故使用手術是較可取的處理方法。

熱身、合適保護裝備不可缺

要預防運動創傷，緊記運動前要有足夠的熱身，否則有機會因用力不協調，增加受傷機會。另外，如運動有受到撞擊的可能性如滑雪，應預先穿上合適的護具如護膝、頭盔等，達到保護關節的作用，從而減少受傷機會。

香港大學李嘉誠醫學院
矯形及創傷外科學系
臨床副教授

黃德民醫生

疼痛難耐
肩關節脱臼勿忽視！

第九章：運動篇

句句有骨

肩關節脫臼多由運動創傷引起，故在年輕人身上較為常見。不少人或認為，處理此類創傷，只需進行手法復位便可，但要留意的是，肩關節脫臼時，分分鐘會同時傷及其他組織如韌帶或神經，年老者更有機會同時造成骨折，後果可大可小，因此及時的跟進治療也是治療中不可或缺的一部分！

何謂肩關節脫臼？

肩關節由肱骨及肩胛骨所組成。此為全身最靈活的關節，差不多可 360 度旋轉擺動，但因其活動能力較高，相對上穩定性亦會較差，故會較易發生脫臼的情況。而所謂的肩關節脫臼（俗稱肩膀脫臼），簡單來說，即是指肩關節的肱骨從肩盂中脫位。

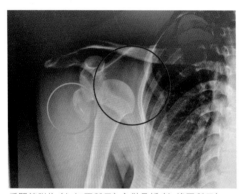

肩關節脫位（如紅圈所示）合併骨折（如綠圈所示）

探究成因

按照脫臼的方向，肩關節脫臼主要可分為前脫位及後脫位兩大類。當中前脫位（Anterior dislocation）較為常見，多因外來撞擊、運動創傷，又或者在跌倒時手臂先著地支撐等等所造成。

而臨床表現上，後脫位的個案則較為少見，一般可能是患者患有某些疾病，因而增加發生肩關節後脫位的機會。舉例如腦癇症患者，如他們突然病發時，有機會因抽搐或碰撞到其他物件等原因，而造成肩關節後脫位。另外，經常進行舉重、游泳等活動，亦有可能令關節持續發生輕微創傷，長期下來更會令後肩關節不穩定，增加發生後脫位的可能性。

當然，有些人先天關節的形態與常人不同，如先天關節較鬆弛、韌帶較軟，亦會增加肩關節脫臼的風險，加上，如同時肩關節又曾脫臼但無得到適當處理的話，甚至會出現肩關節多方位不穩定，令脫臼風險變得更高，但臨床上的個案則較少。

肩關節脫臼徵狀

一般患者會感到受傷那側肩膀劇痛、肩膀會變形（呈棱角狀），又或是明顯觀察到肩膀移位，繼而令活動受限，動作變得不靈活。與此同時，因手部神經是由頸椎經過肩膀，再延伸至雙手，故周遭的神經線或會受到牽引或拉傷，輕則患者或會有麻痺感，重則更會出現不能發力的情況。

診斷方法

求診時，醫生會先為患者進行一些臨床檢查，亦會為患者進行 X 光檢查，以查看肩關節是否有脫臼，同時亦可了解患者有否出現骨折。因不少肩關節脫臼患者，很多時也會一併出現肱骨近端骨折的情況。

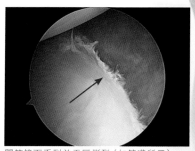 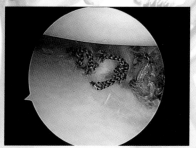

關節鏡下看到前盂唇撕裂（如箭嘴所示）　關節鏡下修補後的前盂唇

手法復位為先

一旦確診患上肩關節脫臼，第一步會為患者進行手法復位，使肱骨滑回盂唇內，以紓緩患者脫臼的不適。而在此之前，會先為患者進行全身或局部麻醉，以降低疼痛感及放鬆肩關節的周遭肌肉。

跟進治療不可缺

完成手法復位後，醫生一般會從患者年齡、受傷原因、有否其他創傷包括骨折、血管神經受損等，以作進一步治療。醫生會根據個別情況，而為患者安排合適治療，主要可分為以下兩類：

1. 保守治療

雖然肩關節已復位，但患者也不可立即活動肩膀，故一般須帶上固定帶，固定肩膀一段時間，及後再進行物理治療，以助復元。

2. 手術縫合

另一情況，醫生或會在此階段轉介患者進行核磁共振檢查（MRI），以檢查肩關節脫臼時有否造成其他組織受傷。如檢查發現患者出現前盂唇撕裂，又或有輕微骨缺損等情況，因或會增加日後再次脫臼機會，很多時醫生會與患者商討相關風險，以讓患者決定是否進行手術處理上述情況，從而有助減低日後再次脫臼的風險。

雖然並非所有肩關節脫臼患者都需施行手術處理。但針對感到肩關節不穩定（在手臂進行外翻、外旋的動作期間，會感到肩關節有鬆脫的感覺）、多次出現肩關節脫臼，以及較年輕的患者，因他們均有較大機會再次脫臼，故在大部分情況下，醫生也會建議患者進行手術來固定肩關節，以增強關節的穩定性，減少脫臼機會。

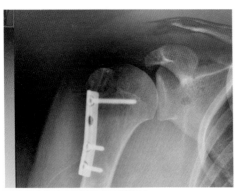

肩關節復位後利用鋼板把骨折固定

年老肩關節脫臼 除了有骨折 還要留意肩袖損傷

面對年老患者，因其骨質也會隨年老而變得脆弱，故如出現肩關節脫臼的話，大多也會同時出現骨折。加上，老年人再次脫臼的風險亦相對低，醫生在替其進行復位後，便會重點處理骨折問題。同時，醫生也會檢查肩袖有否受傷。

肩關節脫臼怎麼辦？

如出現肩關節脫臼，患者應盡快尋求治療，同時也要固定受傷位置，以免令周遭的組織或神經線再次受傷，導致情況惡化；患者也可冰敷患處，以紓緩疼痛及腫脹的情況。

另外，如經常前肩關節脫臼的患者，因慣性脫臼的情況下，關節內的軟組織已有一定程度的撕裂，故關節會變得較為鬆弛，相對上也有較高機會可自行將關節復位。但即便如此，也建議患者有任何不適，應及早求醫，以防脫臼同時造成其他損傷又不自知，導致延誤治療，影響療效。

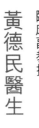

句句有骨

黃德民醫生

香港大學李嘉誠醫學院
矯形及創傷外科學系
臨床副教授

冰凍肩

王澤錦醫生

香港大學深圳醫院
骨科
高級醫生

一、概述

冰凍肩又稱粘連性肩關節囊炎、肩關節周圍炎，俗稱凝肩。本病主要表現為肩關節囊及其周圍韌帶、肌腱和滑囊的慢性炎症。本病是以肩關節疼痛和活動障礙為主要症狀的常見病症。肩關節活動受限同時影響主動運動和被動運動，也就是患者本人不能活動肩關節，別人也不能幫忙活動患者的肩關節。

二、流行病學

在普通人群中，冰凍肩是一種十分常見的病症。本病的好發年齡在 50-60 歲之間，很少影響 40 歲以下人群，女性發病率略高於男性，多見於體力勞動者，故又稱五十肩。冰凍肩常常影響一側肩關節（左側或右側），相當一部分患者在 1 年半至兩年的時間內，肩關節疼痛及僵硬症狀能自行緩解，但有一些患者症狀會持續更長時間。一部分患者可由一側冰凍肩發展為雙側冰凍肩。

三、病因

研究發現冰凍肩的患者關節囊增厚及收縮，關節內發炎和疤痕組織形成，關節內組織硬化，使肩關節難以活動。原發性冰凍肩的確切病因目前尚不明確。繼發性冰凍肩常常繼發於關節內疾病，如肩袖損傷；肩關節周圍骨折；肩關節手術後；其他部位的手術，例如心臟及腦部手術亦有可能出現繼發性冰凍肩。另外，糖尿病、甲狀腺疾病等內分泌疾病會增加冰凍肩的患病率。事實上，10% - 20% 的糖尿病患者易罹患冰凍肩。

四、臨床症狀

冰凍肩的病程一般分為三個階段：

第一階段：疼痛期

一般持續 3 - 9 個月，肩關節出現彌漫性疼痛，可能以三角肌止點為甚，疼痛難以忍受，常常影響睡眠。這一階段的患者，逐漸出現肩關節僵硬。

第二階段：僵硬期

一般持續 9 - 15 個月，這一階段的患者，肩關節疼痛相對緩解，但僵硬加重，肩關節主動及被動活動均明顯受限（見圖一、二、三）。

圖一　　　　　　　圖二　　　　　　　圖三

第三階段：解凍期

一般持續 15 - 24 個月，這一階段的患者，肩關節僵硬逐漸鬆解，患者可重新獲得肩關節各方向活動度，疼痛亦明顯緩解。

罹患冰凍肩的患者，日常生活工作會受到嚴重影響，例如穿衣、洗澡、梳頭、扣鈕扣、舉手過頭拿東西等等。

五、診斷

冰凍肩的診斷標準：1. 緩慢起病；2. 肩關節三角肌止點周圍的疼痛，夜間痛；3. 肩關節各個方向，主動、被動活動均受限；4. X 線表現陰性；除外其他已知原因的肩疼，如肩袖損傷、肩關節盂唇損傷、岡上肌鈣化性肌腱炎、肩關節周圍骨折、類風濕等；5. 主要好發於 50 - 60 歲。

大部分冰凍肩的患者通過骨科醫生體格檢查即可確定，然而有些病例需與肩袖損傷、岡上肌鈣化性肌腱炎等相鑒別。肩峰下注射試驗可幫助鑒別診斷，骨科醫生會在患者患側肩峰下注射利多卡因（一種麻醉藥物），冰凍肩的患者肩關節疼痛及僵硬並不能得到明顯改善，但肩袖損傷及岡上肌鈣化性肌腱炎等肩袖疾病，肩關節疼痛及關節活動功能卻能明顯緩解。冰凍肩的患者很少需要 X 片及 MRI 檢查來輔助診斷，但有時這些檢查對鑒別診斷是很有幫助的。X 片經常無異常表現，也可出現廢用性骨質疏鬆（見圖四、五）；MRI 檢查可見關節囊增厚，腋囊縮小（見圖六），亦可排除肩袖損傷（見圖七）。

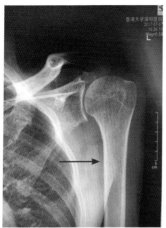

圖四

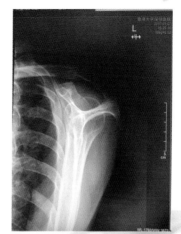

圖五

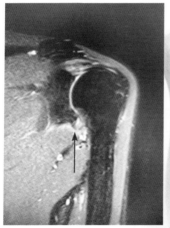

圖六

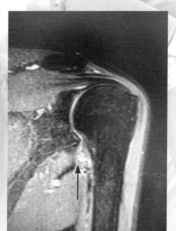

圖七

第九章：運動篇

六、治療

冰凍肩是一種自限性疾病,也就是説大部分患者即使不進行任何治療,在兩年內肩關節疼痛及活動受限症狀會逐漸緩解,直至完全正常。但是有一部分患者,肩關節疼痛異常劇烈、僵硬時間長,需進行適當治療及康復鍛煉來縮短病程。

止痛藥

治療上可用一些非類固醇抗炎止痛藥(nonsteroidal antiinflammatory drugs)幫助緩解疼痛,例如布洛芬緩釋片、雙氯芬酸鈉緩釋片或塞來昔布膠囊等,如果患者肩關節疼痛症狀劇烈,可能需要口服更強的止痛藥。

物理治療

當肩關節疼痛稍微緩解後,則需要功能鍛煉以幫助恢復。患者會被推薦至物理治療部接受康復鍛煉以逐漸恢復肩關節各方向活動度,功能鍛煉以肩關節輕微疼痛,患者能承受為準,需循序漸進,不可操之過急,如果功能鍛煉完肩關節疼痛加重,需改變鍛煉方式或停止鍛煉。

激素注射治療

肩關節腔內或肩峰下間隙注射激素類藥物是有效治療冰凍肩的方法。激素類藥物起效快,能有效緩解肩關節疼痛達數周甚至幾個月時間,縮短冰凍肩的病程。

麻醉下手法鬆解

麻醉下手法鬆解已被證明是有效治療冰凍肩的方法，一般鬆解肩關節各方向活動度，例如前屈、外展、內旋、外旋等，使關節在短期內即能恢復各方向活動度。如果同時行肩關節內激素注射，可明顯緩解肩關節疼痛症狀，明顯縮短冰凍肩的病程。

手術治療

許多學者報導關節鏡下肩關節囊鬆解術可有效治療冰凍肩，與其他治療方法相比，短期療效有優勢。在其他治療方法未能奏效時可選擇關節鏡治療，但手術亦存在併發症的風險，如關節感染、腋神經損傷、關節脫位等。專家建議保守治療 1 年，冰凍肩症狀未能有效緩解，可採取手術治療。

第九章：運動篇

黃德民醫生

香港大學李嘉誠醫學院
矯形及創傷外科學系
臨床副教授

肩袖損傷

李翔醫生

香港大學深圳醫院
骨科
高級醫生

一、概述

肩袖是環繞肱骨頭上端的一組肌腱複合體，共由四組肌腱組成，包括肩胛下肌腱、岡上肌腱、岡下肌腱和小圓肌腱。當活動肩膀時，四組肌腱協同運動，共同控制及穩定肱骨頭。肩袖中最重要也最容易受損的肌腱是岡上肌腱，它參與肩關節的上舉活動。肩胛下肌、岡下肌和小圓肌參與肩關節的內旋和外旋活動。

肩袖肌腱炎在早期肩袖受損時出現，常由上肢反復舉過頭頂及推拉活動引起。從事過頭上舉活動較多的運動員尤其容易出現，如游泳、網球、高爾夫、舉重、排球及體操等。肩袖肌腱炎通常採用保守治療，如休息、冰敷、鎮痛藥物及物理治療。

肩袖撕裂可因長期的慢性肌腱炎發展而來，也可以由急性損傷引起，常見於摔倒，直接暴力及猛然發力等原因。

二、臨床表現

肩袖肌腱炎的患者通常表現為肩部上方及外側疼痛，疼痛常於上舉、外展、推拉發力及側躺壓迫時加重。日常活動如穿上衣和梳頭也可誘發疼痛，並可因疼痛影響睡眠。

相比肩袖肌腱炎，肩袖撕裂除了表現為肩部疼痛外，常伴有特定肩袖肌群的無力，但有時臨床症狀並不明顯。肩袖撕裂的嚴重程度常與肩部的疼痛程度不成正比。

三、診斷

肩袖肌腱炎和肩袖撕裂的臨床診斷常基於典型的病史、症狀和體格檢查。局部封閉可用於兩者的鑒別：局部封閉後，肩袖肌腱炎患者疼痛緩解並肌力正常，而全層肩袖撕裂患者肌力通常沒有改善。

肩袖肌腱炎的診斷確立一般無需影像學檢查。但如果保守治療一段時間後症狀仍無改善，可行 X 光、超聲及核磁共振等檢查。同樣，X 光片通常也

無法診斷肩袖撕裂，但有助於發現鈣化性肌腱炎及關節退變等徵象。超聲及磁力共振可進一步確診肩袖撕裂。

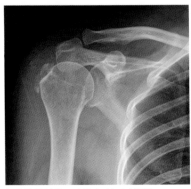
鈣化性肌腱炎 X 光徵象（紅色箭頭）。

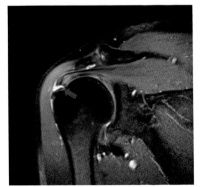
肩袖撕裂磁力共振徵象（紅色箭頭）。

如肩部疼痛及無力症狀持續無明顯改善或影像學檢查證實巨大肩袖撕裂，大多數患者會被轉介至專科醫生做進一步評估及治療。

四、治療

肩袖損傷的治療重點是減輕疼痛和腫脹，恢復肩關節活動度及增強肩部重要肌群的力量。治療的首要目標是保持肩關節的活動能力，因為如果患者肩關節活動能力下降，活動頻率也隨之降低，最終可導致冰凍肩的發生。肩袖損傷的治療主要分為兩種：非手術治療和手術治療。

1. 非手術治療：

對於非完全性肩袖撕裂、老年人、運動不活躍及無明顯肩部疼痛患者，可先行保守治療。

- 冰敷：冰敷可減輕肩袖損傷中的炎症反應。可將冰袋置於肩關節肌群的上部及側部，每 4 - 6 小時冰敷 15 - 20 分鐘。
- 休息：避免可能加劇肩關節疼痛的活動，如過頭上舉、前屈後伸等。保持胳膊下垂貼近身體是比較安全的姿勢。不推薦使用前臂吊帶，因其可導致冰凍肩。

- 減輕炎症：非類固醇消炎止痛藥（如布洛芬等）可用於減輕炎症反應。
- 熱療和按摩：熱療和按摩可在肩關節活動度鍛煉之前進行，可使鍛煉達到更好的效果。熱療的最佳方法是洗熱水澡 10 - 15 分鐘。輕柔的按壓肩部周圍組織可為肩關節鍛煉做好熱身準備。
- 拉伸和活動度鍛煉：肩關節活動度鍛煉應在康復早期開始，以保持關節活動及肌肉柔韌性。拉伸鍛煉一般每天一次即可。鍛煉以不痛為原則。如出現疼痛，應減少活動的強度及次數。
- 肩袖力量及功能鍛煉：肩袖力量及協調鍛煉可幫助恢復上肢功能，防止再次受傷。當鍛煉不會誘發肩部疼痛時即可開始，但之前需諮詢物理治療師。當肩部疼痛逐漸好轉後，力量鍛煉可逐漸增加強度。鍛煉時常有輕微酸痛，但疼痛通常不會超過 24 小時。
- 維持鍛煉：當康復鍛煉結束後，保持肩部肌肉的有力和健康對於預防肩袖再次損傷非常重要。患者可持續進行肩部力量及功能鍛煉。
- 恢復運動：大多數肩袖損傷患者重視疼痛及功能恢復情況，經保守治療 6 - 12 周後可逐漸開始運動。

2. 手術治療

對於保守治療無效或完全性肩袖撕裂，如患者較年輕且運動活躍，建議行肩袖修補手術。一旦確診，手術應於受傷後儘早進行，以防止肌腱回縮。

肩袖修補的手術方式：① 切開修補：需於肩部做一個 3 - 4 釐米的切口；② 關節鏡下修補：通過肩部 3 - 5 個小切口，應用關節內窺鏡及其他手術器械進行手術肩袖修補。關節鏡修補具有創傷小，術後恢復快等優點。

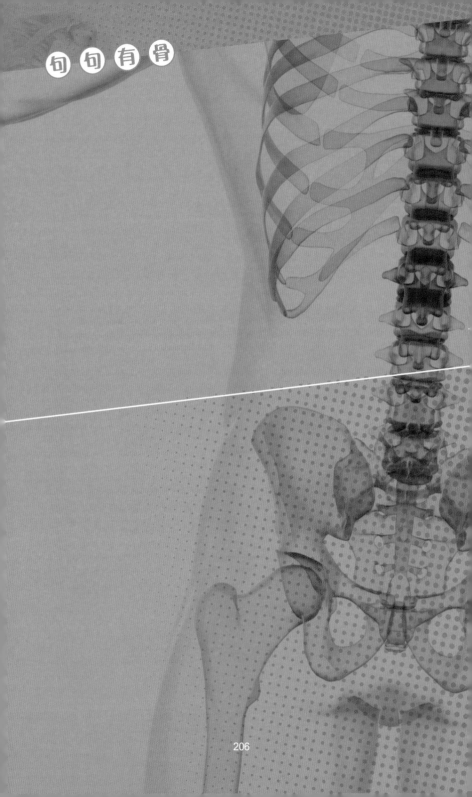

句 句 有 骨

第十章：

復康篇

句句有骨

香港大學李嘉誠醫學院
矯形及創傷外科學系
名譽臨床導師

鄧育昀醫生

糖尿足勿忽視
嚴重或需截肢

香港大學李嘉誠醫學院
矯形及創傷外科學系
名譽臨床副教授

吳嘉豪醫生

糖尿病控制不當,可引發很多併發症,急性併發症有高血糖昏迷症,舉例如酮酸中毒症(DKA),患者或會出現尿頻、呼吸急速等,嚴重者更會昏迷;慢性併發症影響的範圍則更為廣泛,除了腦部,心臟、腎臟、眼睛等部位亦會受到影響。

其中足部會出現末端神經病變、血管病變等,令足部容易受到細菌感染等影響,出現傷口發炎,甚至潰瘍的情況,稱之「糖尿足」。嚴重的糖尿足患者或需要進行截肢手術處理。

糖尿足普遍嗎?

有數據顯示,有 4 成糖尿病患者是因患上糖尿足而需入院治理;另外,在截肢個案中,排除創傷性因素(如嚴重車禍),其中有 6 成個案都是因糖尿足而致。

兩大病變成因

1. 末梢神經病變

患者的神經線會出現變化,下肢的感覺、運動等神經均會受影響,以致他們的保護性感覺(Protective sense)如痛感會較為遲緩,甚至喪失。

2. 血管病變

簡單來說,血管病變會令下肢血管阻塞,當血液中的含氧量不足,便會引致患者的傷口較難癒合,因而大大增加傷口受細菌感染的機會。

在糖尿足的患者身上,很多時會同時受到以上兩個的因素影響,令其受到雙重的打擊。

高危人士要留意

糖尿足常見於一些糖尿病控制較差的患者,同時有部分患者即使糖尿病不是控制得太差,但因其患病病史較長(如 10、20 年),也會增加其患上糖尿足的風險。在臨床上的患病比率也較高。

徵狀一覽

首先，正常人如足部受傷並出現傷口時，多會感到痛楚。但糖尿足患者因足部的末端神經及微絲血管的供應受到影響，其足部皮膚會失去正常的油脂分泌、毛囊等，從而令皮膚變得乾裂，失去彈性。

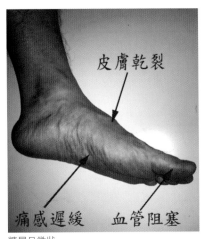

糖尿足徵狀

正因如此，當患者足部受傷時，其或不會有痛楚的感覺，繼而未能及時發現傷口而作出妥善的處理，導致傷口發炎，甚至出現潰瘍的情況。

第二，因下肢的血液供應不足，患者的傷口會較難癒合。與此同時，亦有可能令肌肉出現萎縮，引致足部及腳趾變形，變形的位置容易受壓，繼而也會同時增加足部出現潰瘍的風險。

傷口處理有道

前期

一旦發現足部有傷口，患者應使用消毒生理鹽水或消毒藥水清洗傷口，及後亦應使用消毒紗布妥善地覆蓋傷口，以免傷口暴露於空氣中，增加細菌感染的機會。如傷口未見好轉，更應盡快尋找醫生的協助。在有需要的情況下，醫生或會處方抗生素藥物處理。

後期

但要留意的是，如傷口已出現膿腫，便不可再使用清洗傷口的方法。此時醫生會考慮為患者進行清創手術，切開傷口引流膿液，再清除傷口內受感染及壞死的組織，術後更會再配合使用抗生素藥物，以望進一步控制傷口感染的情況。

嚴重或需截肢處理

如以上的方法未能奏效，而膿腫更經由血液繼續蔓延至其他部位如肌腱、骨骼等，在此情況下，因膿包會沿著肌腱向上延伸，患者便有可能需進行截肢手術，以控制細菌的蔓延，避免造成生命危險。

足部護理記一記

對於有糖尿足的患者而言，選用合適的鞋履便尤其重要，如鞋身不應太硬，以減少對足部的壓迫，同時也可降低足部出現傷口、潰瘍，以及變形的機會。

選用合適的鞋履

如足部已出現變形，一般在市面上售買的鞋墊已不能滿足患者的需要時，患者便需選用度身訂造的矯正鞋墊，減低足部承受的壓力，以免皮膚刮損而造成傷口。同時，亦應做一些拉伸動作，避免足部永久變形。

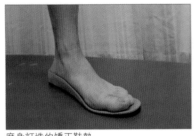

度身訂造的矯正鞋墊

另外，患者因足部受力不均，有機會長出腳繭，此時便需尋找足部治療師作進一步的處理，如使用矯正鞋墊，改變足部的受力點，以減低患處持續受壓的情況。如腳繭產生疼痛，治療師更有可能為患者去除或軟化腳繭，以改善情況。

預防勝於治療

1. 良好控制糖尿病

糖尿病是引致糖尿足的根源。想預防糖尿足，第一步便需把糖尿病控制好，患者應按照糖尿病科醫生的指示，按時服食糖尿病藥物，以減少足部發生病變，引致糖尿足。在患病期間亦然，否則如患者長期處於高血糖，一方面不但會增加傷口癒合的時間，亦會令糖尿足的病情惡化。

2. 緊密監測足部

受到末梢神經病變的影響，患者的足部或會喪失感覺，因而未能及時發現傷口而作出處理，造成傷口感染。因此，不論是患者自身、患者家人都應每天檢查患者的足部。如果發現有傷口出現，便應及時作出合適的處理，以免傷口變大繼而增加治療的難度，同時也可減低傷口受細菌感染的機會。

香港大學李嘉誠醫學院
矯形及創傷外科學系
名譽臨床助理教授

霍奐雯醫生

傷口管理有學問

第十章：復康篇

日常生活中難免會有受傷的機會，當出現傷口，你知道何時才需求醫處理嗎？同時，原來處理傷口大有學問，當中除了清洗傷口及配合抗生素治療外，嚴重時也有可能需進行植皮或皮瓣手術，以助傷口癒合。

什麼情況需即求醫？

傷口深度

一般情況下，當傷口有一定的深度，而深度已至軟組織如筋腱，神經線或血管甚至是骨骼外露的話，便需立即求醫，讓醫護人員進行徹底的傷口清洗及護理，以防患上併發症如細菌感染。

高危人士

另外，某些患者會較易出現傷口，且其傷口也會較易受到細菌感染。例如糖尿病、靜脈曲張或動脈阻塞問題的患者，因其血液循環較差，故一旦出現傷口，會較難癒合。

針對以上的患者，只要有皮外傷，務必立即求醫處理。因一旦處理不善的話，傷口都有可能惡化且變大，繼而令傷口較難或需較長時間才可癒合，甚至有時更有可能是癒合不了，最嚴重或引發敗血症或需截肢處理。

處理傷口有辦法

首先，醫生會檢查患者傷口的大小、深度、軟組織有否外露（如筋腱，神經線或血管）及何時形成（如剛出現或已出現幾個月）。接下來，也會留意有否其他因素以致傷口難以癒合，例如患者是否有糖尿病、血管阻塞情況等。

傷口清洗

第一步會先為患者進行傷口清洗，同時亦會配合使用抗生素，讓傷口慢慢自行癒合。但如傷口已有含膿或壞死組織的情況，便需先進行清創，將膿液及壞死組織清除，避免細菌繼續滋生，以致細菌入血，引發併發症如敗血症。

負壓敷料

按不同患者的情況，醫生或會於清洗傷口後，在傷口表面加上負壓敷料，進行負壓傷口治療，主要作法是在患者的傷口處放上一個大小一致的海綿，令其完全覆蓋傷口，及後再配合特定的機器進行真空引流。此法除可有助吸走傷口分泌物外，也有研究顯示可刺激軟組織生長，加快傷口癒合。不過視乎傷口大小，如傷口大的話，患者或需留院卧床才能使用以上療法。

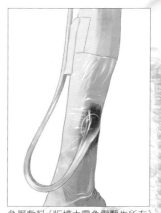

負壓敷料（版權由霍奐雯醫生所有）

植皮手術

及後，如傷口有較大的表皮缺失，自行癒合也或需要幾星期至幾個月不等。因考慮到癒合時間較長，變相也會增加細菌感染，故醫生或會建議患者在傷口沒有出現發炎的情況下，進行植皮手術。

此手術的主要作法是移植身體其他部位的皮膚來覆蓋傷口，其後只需包紮傷口，等待其慢慢癒合便可。而理論上身體每一個位置的皮膚都可用作移植，但臨床上多會取用大腿內外側的皮膚，因為較不顯眼。惟如傷口太大，需要移植大面積表皮的話，則有機會取用其他部位的表皮。

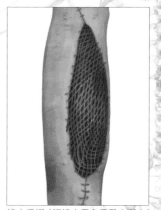

植皮手術（版權由霍奐雯醫生所有）

皮瓣手術

但如傷口已深至筋腱或骨骼外露，便不建議作植皮手術，因於修補傷口後，該表皮也有可能因缺乏血液供應及不斷的磨礪而壞死。正因如此，醫生便會建議其進行皮瓣手術。因移植的皮膚上仍保留血管，可維持正常血液流通，故也可避免出現以上的情況。

第十章：復康篇

而手術主要可用兩種的移植方式進行，第一種會取用傷口附近的皮瓣來移植，而另一種則會取用出現傷口的那隻手或腳的某部分皮瓣，甚至使用身體其他部位的皮瓣來做移植，及後再使用顯微外科技術將傷口鏠合。而兩個方法的分別在於，前者通常會透過旋轉皮瓣的方式來覆蓋傷口，而不需進行接駁血管的步驟，而後者則需要接駁血管，手術過程也會相對上較為複雜。

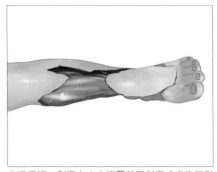

皮瓣手術：利用自由皮瓣覆蓋因創傷或感染而引起的嚴重傷口。（版權由霍奐雯醫生所有）

糖尿病管理、改善血液循環

要留意的是，針對因糖尿病管理不宜致傷口久不癒合的患者，醫生除會為其處理傷口外，也會轉介其至內分泌及糖尿專科醫生跟進，看在藥物方面如何改善患者血糖指數至正常水平，以助傷口癒合。又如血管有問題的患者，按情況或會尋找血管科醫生協助，檢查患者血管是否有阻塞的情況，有需要會「通血管」，改善其血液循環，從而令傷口可癒合得較快及好。

日常護理要注意
普通創傷（無發炎）
- 每日使用生理鹽水清洗傷口
- 按照醫生指示服食抗生素
- 觀察傷口有否出現紅腫、發炎

已縫合的傷口
- 保持傷口乾爽
- 避免觸摸傷口

另外，針對糖尿病患者，在處理傷口後，也要繼續戒口、不吸煙或戒煙，因為吸煙會令傷口的血液循環變差，影響傷口癒合。

Post-operative protection for surgical wounds*

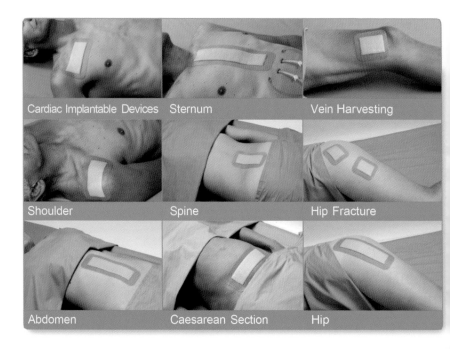

Cardiac Implantable Devices — Sternum — Vein Harvesting — Shoulder — Spine — Hip Fracture — Abdomen — Caesarean Section — Hip

The right dressing can make a difference.

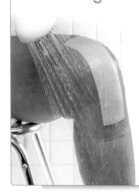

AQUACEL® Ag Surgical Cover Dressing provides the following benefits:

✓ Waterproof
✓ Antimicrobial Protection[1-3†]
✓ Comfortable and Flexible
✓ Skin Friendly

Please email **cshk@convatec.com** or call 25169182 for complimentary product samples.

References: 1. Jones SA, Bowler PG, Walker M, Parsons D. Controlling wound bioburden with a novel silver-containing Hydrofiber dressing. Wound Repair Regen. 2004;12(3):288-294. 2. Bowler PG, Jones SA, Walker M, Parsons D. Microbicidal properties of a silver-containing hydrofiber dressing against a variety of burn wound pathogens. J Burn Care Rehabil. 2004;25(2): 192-196. 3. Bowler P. Progression toward healing: wound infection and the role of an advanced silver-containing Hydrofiber dressing. Ostomy Wound Manage. 2003;49(suppl 8A):2-5.

AQUACELDressings — TRIED. TRUE. TRUSTED.

ConvaTec

many
TTUNE® Knee replacements,
many satisfied patients.

million ATTUNE® Knee patients worldwide, and growing.

want to thank the many surgeons around the globe who've made the ATTUNE® Knee System their implant of choice.
partnership has brought STABILITY IN MOTION™ to over 1 million patients worldwide. With kinematics that work in
nony with patient anatomy, the ATTUNE Knee truly delivers on the promise of improved functional outcomes.[1]
y step of the way.

**arn more about the ATTUNE Knee System
sit www.ATTUNEevidence.com**

Attune®
Knee System

Stability in Motion™

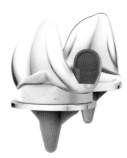

ilton W, Brenkel I, Barnett S, Allen P, Kantor S, Clatworthy M, Dwyer K, Lesko J. Comparison of
g and New Total Knee Arthroplasty Implant Systems from the Same Manufacturer: A Prospective,
nter Study. Poster Presentation # 06014, AAOS. Las Vegas, NV. 2019.

uy Synthes 2020. All rights reserved.

refer to the IFU (Instructions for Use) for a complete list of indications, contraindications, precautions and warnings.
her information on DePuy Synthes Companies products, please contact your local DePuy Synthes Companies representative.

133764-200302 DSUS

利痛抑
LYRICA®
PREGABALIN

15年臨床經驗 醫生首選*[1,2]

痛到如坐針氈?
不如盡早 解決 !

• • • • • •

痛感似 **觸電、針刺、火燒** ?
睡眠和情緒飽受困擾?[3]

利痛抑
紓緩神經痛感,
讓您安享生活每一刻[4]

立即向醫生查詢!

VIATF
暉致

暉若善　長健致

Quality Assurance
Guard your Heart & Kidney

This product is intended for people concerned about blood pressure

Sanofi Hong Kong Limited
1/F & section 212 on 2/F, AXA Southside, 38 Wong Chuk Hang Road, Wong Chuk Hang, Hong Kong
Tel: (852) 2506 8333   Fax: (852) 2506 2537   Website: www.sanofi.hk

SAHK.IRB.19.05.0275 (5/2019)

SANOFI

施樂輝 專業傷口護理系列

OPSITE° POST-OP 超級防水膠布

結合護墊及防水薄膜

- 特薄透氣，耐用低敏
- 有效防菌
- 低黏附傷口，高效吸收墊

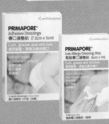

PRIMAPORE° 傷口護墊貼

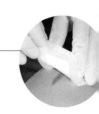

柔軟舒適 高效吸水

- 結合敷料吸收墊及柔軟固定層
- 低黏附傷口棉墊，減少更換時痛楚
- 能迅速吸收傷口之滲液

MELOLIN° 傷口護墊

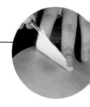

吸水力強 柔軟護墊

- 三層敷料吸收墊
- 低黏附傷口棉墊，減少更換時痛楚
- 能迅速吸收傷口之滲液

JELONET° 油性紗布

軟石臘紗織網

- 油潤，低黏性
- 讓傷口滲液有效排至外層敷料
- 能結合消毒藥水使用

OPSITE° SPRAY 噴霧膠布

透明速乾 簡單便捷

- 防水、透氣，方便携帶
- 為表淺傷口提供外層保護
- 保護未穿破之水泡

銷售點：
mannings 萬寧 | mannings *Plus* | watsons 屈臣氏 | 便民藥店 | HKTV mall 及各大藥房

查詢熱線：2648 7700

Smith&Nephew

疤痕敵是什麼?

疤痕敵採用醫學矽膠製成的自黏性矽膠片,有效減淡新舊疤痕,能撫平凸起的疤痕及淡化色素。

疤痕敵的去疤原理是什麼?

研究顯示疤痕敵為疤痕提供濕潤的環境,能軟化和撫平疤痕,醫學報告證實,93%*使用者的疤痕在三至四個月內得到明顯改善。

疤痕敵對哪些疤痕有效?

任何紅色、深色和凸起的新舊疤痕。預防已癒合傷口的增生性疤痕。

受傷後多久才可使用疤痕敵?

疤痕敵適用不同類型受傷所留下的新舊疤痕,包括手術、剖腹分娩、割傷、燒傷、跌傷等。而且疤痕敵證實對於長達 20 年的疤痕*都能見效。但切勿使用於未癒合,感染或未拆除縫針的傷口處。

疤痕敵的使用方法

 1 將疤痕敵剪成合適的呎碼。

 2 貼在癒合的疤痕上。

3 每天用不含油性洗滌劑及溫水清洗。

  4 置於陰涼乾爽處風乾,待重覆使用。

將未用的疤痕敵放回原本包裝,儲存於25℃ 以下的環境。

 使用前　　 使用後

Reference:
* Camey SA et al., CICA CARE gel sheeting in the management of hypertrophic scarring, BURNS (1994), 20.2: 163-167.
* Quinn KJ, Silicone gel in scar treatment, BURNS (1987), 13: S33 – S40.

療程需要多久?

疤痕敵需每天使用最少 12 小時,方能達至最佳效果。可能的話,每天應貼上 24 小時。一般來說,若正確使用,平均只需 2 至 4 個用便會見效,但效果視乎個人的情況而定。

疤痕敵適合那些人使用?

疤痕敵是經醫學證明的自黏性膠片,不含藥性,適合任何年齡人士,大人小童都可使用。

CICA-CARE◇
疤痕敵

疤痕敵備有三款呎碼,
適用於不同大小的疤痕。

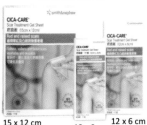

15 x 12 cm　　12 x 3 cm　　12 x 6 cm

CICA-CARE◇
疤痕敵
除疤啫喱

靈活**除疤**無死角

- 預防及改善帶紅和凸起的新舊疤痕
- 醫療級矽膠無色無味,特別適合日間使用
- 快乾,乾透後可如常使用化妝品或防曬產品
- 適用於身體經常活動或外露部位如手肘,膝頭或面部
- 兒童也可使用

銷售點:

mannings | mannings Plus　watsons 屈臣氏

華潤堂 crcare　Sasa 莎莎 (指定分店)

及各大藥房有售

公司: 施樂輝有限公司 (Smith & Nephew Ltd)
電話: +852 2648 7700
地址: 香港新界沙田安耀街 3 號匯達大廈 8 樓 813-818 室

句句有骨

破解 37 個骨科迷思

香港大學骨科專家與你

策劃	香港大學矯形及創傷外科學系編輯委員會
出版人	司徒毅
責任編輯	陳秀清、鍾穎嫦、胡菀彤
美術設計	幸潤年
出版	健康動力有限公司
	九龍新蒲崗大有街35號義發工業大廈4字樓D2室
電話	(852) 2385 6928
傳真	(852) 2385 6078
網址	www.healthaction.com.hk
發行	聯合新零售(香港)有限公司
	香港鰂魚涌英皇道1065號東達中心1304-06室
電話	(852) 2150 2100
傳真	(852) 2407 3062
電郵	info@suplogistics.com.hk
印刷	天虹印刷有限公司
	九龍新蒲崗大有街26-28號2樓和部分3樓
出版日期	2021年10月
定價	港幣$98
國際書號	978-988-12429-9-0

Health Action Limited 2021
Published and printed in Hong Kong
如有印裝錯誤或破損，請寄回本公司更換